高空作业机械从业人员安全技术职业培训教材

附着升降脚手架安装拆卸工

中国建设劳动学会建设安全专业委员会
江苏省高空机械吊篮协会　组织编写
无锡市住房和城乡建设局

张帅主编

中国建筑工业出版社

图书在版编目（CIP）数据

附着升降脚手架安装拆卸工／中国建设劳动学会建
设安全专业委员会，江苏省高空机械吊篮协会，无锡市住
房和城乡建设局组织编写；张帅主编．—北京：中国
建筑工业出版社，2021.10
高空作业机械从业人员安全技术职业培训教材
ISBN 978-7-112-26819-1

Ⅰ. ①附… Ⅱ. ①中… ②江… ③无… ④张… Ⅲ.
①附着式脚手架—装配（机械）—安全培训—教材 Ⅳ.
① TU731.2

中国版本图书馆 CIP 数据核字（2021）第 235803 号

高空作业机械从业人员安全技术职业培训教材

附着升降脚手架安装拆卸工

中国建设劳动学会建设安全专业委员会
江 苏 省 高 空 机 械 吊 篮 协 会　组织编写
无 锡 市 住 房 和 城 乡 建 设 局
张 帅 主 编

*

中国建筑工业出版社出版、发行（北京海淀三里河路9号）
各地新华书店、建筑书店经销
北京建筑工业印刷厂制版
北京同文印刷有限责任公司印刷

*

开本：850毫米×1168毫米 1/32 印张：7¼ 字数：192千字
2021年11月第一版 2021年11月第一次印刷
定价：**30.00**元
ISBN 978-7-112-26819-1
（38631）

为加强建筑施工安全管理,提高高危作业施工人员的职业技能和职业素质,保护施工人员生命安全和身体健康,根据《国务院办公厅关于印发职业技能提升行动方案(2019—2021年)》(国办发〔2019〕24号)文件精神,积极配合政府主管部门开展高危作业人员的职业技能培训提升工作,作者编写了《附着升降脚手架安装拆卸工》安全技术职业培训教材。

本教材共分9章,包括:职业道德与施工安全基础教育;附着升降脚手架基础知识;附着升降脚手架安全技术要求;附着升降脚手架的安装与拆除;附着升降脚手架的升降和使用;附着升降脚手架电气与同步控制系统;附着升降脚手架的日常检查与维护保养;附着升降脚手架的危险源辨识、故障排除与应急处置;附着升降脚手架事故案例分析等内容。

本着科学、实用、适用的原则,本教材内容深入浅出,语言通俗易懂,形式图文并茂,系统性、权威性、可操作性强。既可作为职业技能提升培训教材,也可作为施工现场有关人员常备参考书和自学用书。

责任编辑:王华月 张 磊 范业庶
责任校对:张 颖

高空作业机械从业人员安全技术
职业培训教材
编审委员会

主　　　任：吴仁山　喻惠业　闵向林

副　主　任：吴　杰　吴灿彬　孙　佳　刘志刚　薛抱新
　　　　　　张　帅　汤　剑　李　敬

编委会成员：（按姓氏笔画排序）

戈振华　田常录　朱建伟　吴占涛　吴仁兴
张大骏　张京雄　张鹏涛　张占强　杜景鸣
陈伟昌　陈敏华　周铁仁　金惠昌　费　强
俞莉梨　章宝俊　强　明　谢仁宏　谢建琳
葛伊杰　董连双　鲍煜晋　蔡东高

顾　　　问：鞠洪芬　张鲁风

本书编委会

主　　编：张　帅

副 主 编：汤　剑　　陈德学　　孙　佳

审核人员：吴仁山　　闵向林　　喻惠业

编写人员：刘志刚　　蔡东高　　陈敏华　　鲍煜晋　　张大骏
　　　　　葛伊杰　　周铁仁　　杜景鸣　　董连双　　费　强
　　　　　朱建伟　　戈振华　　俞莉梨　　吴　杰　　吴灿彬
　　　　　齐　宏　　石　海

序　言

随着我国现代化建设的飞速发展,一大批高空作业机械设备应运而生,逐步取代传统脚手架和吊绳坐板(俗称"蜘蛛人")等落后的载人登高作业方式。高空作业机械设备的不断涌现,不仅有效地提高了登高作业的工作效率、改善了操作环境条件、降低了工人劳动强度、提高了施工作业安全性,而且极大地发挥了节能减排的社会效益。

高空作业机械虽然相对于传统登高作业方式大大提高了作业安全性,但是它仍然属于危险性较大的高处作业范畴,而且还具有机械设备操作的危险性。虽然高空作业机械按照技术标准与设计规范均设有全方位、多层次的安全保护装置,但是这些安全保护装置与安全防护措施必须在正确安装、操作、维护、修理和科学管理的前提下才能有效发挥其安全保护作用。因此,高空作业机械对于作业人员的理论水平、实际操作技能等综合素质提出了更高的要求。面对全国数百万乃至上千万从事高空作业机械操作、安装、维修的高危作业人员,亟待进行系统专业的安全技术职业培训,提升其职业技能和职业素质。

为加强建筑施工安全管理,提高高危作业施工人员的职业技能和职业素质,根据《国务院办公厅关于印发职业技能提升行动方案(2019—2021年)》(国办发〔2019〕24号)文件精神,中国建设劳动学会建设安全专业委员会、江苏省高空机械吊篮协会和无锡市住房和城乡建设局共同组织编写了《高空作业机械从业人员安全技术职业培训教材》系列丛书。

中国建设劳动学会建设安全专业委员会是由住房和城乡建设行业从事工程建设活动、建设安全服务、建设职业技能教育、职业技能评估、安全教育培训、建设安全产业等企事业单位及相关专家、学者组成的全国性学术类社团分支机构。其基本宗旨：深入贯彻落实党中央、国务院关于加强安全生产工作的重大决策部署，坚持人民至上、生命至上、安全第一、标本兼治安全发展理念，加强学术理论研究，指导与推进住房和城乡建设系统从业人员安全教育培训和高素质产业工人队伍建设，大力推进建筑施工、市政公用设施、城镇房屋、农村住房、城市管理等重点领域安全生产工作持续深入卓有成效开展，为新时代住房和城乡建设高质量发展提供坚实的人才支撑与安全保障。其主要任务是开展住房和城乡建设系统从业人员安全教育培训体系研究；组织制定各专业领域建设安全培训考评标准体系、教材体系；指导与推进从业人员安全培训基地建设与人员培训监管工作；开展建设安全科普教育，组织开展建设安全社会宣传；开展建设安全咨询服务；开展建设安全国际交流与合作；完成中国建设劳动学会委托的相关任务。

江苏是建筑大省，无锡是高空机械"吊篮之乡"。江苏省高空机械吊篮协会是全国唯一的专门从事高空作业机械工程技术研究与施工安全管理的专业性协会，汇聚了全行业绝大多数知名专家，承担过国家"十一五""十二五"和"十三五"科技支撑计划重点项目；获得过国家建设科技"华夏奖"等重大奖项；拥有数百项国家专利；参与过住房和城乡建设部重大课题研究，起草过全国性技术法规；主编和参与编制《高处作业吊篮》《擦窗机》《导架爬升式工作平台》等高空作业机械领域的全部国家标准；参与编写过《高处施工机械设施安全实操手册》《高空清洗作业人员实用操作安全技术》《高空作业机械安全操作与维修》《建筑施工高处作业机械安全使用与事故分析》和《高处作业吊篮安装拆卸工》等全国性职业安全技术培训教材。

作为"吊篮之乡"的地方政府建设主管部门——无锡市住房和城乡建设局在全国率先出台过众多关于加强对高处作业吊篮等高空作业机械施工安全管理方面文件与政策，为加强安全生产与管理，引领行业良性循环发展，起到了积极的指导作用。

　　本系列教材首批出版发行的是《高处作业吊篮操作工》《附着升降脚手架安装拆卸工》《施工升降平台操作安装维修工》和《擦窗机操作安装维修工》等四个工种的安全技术培训教材，今后还将陆续分批出版发行本职业其他工种的培训教材。

　　本系列教材的编写工作，得到了沈阳建筑大学、湖南大学、高空机械工程技术研究院、申锡机械集团有限公司、无锡市小天鹅建筑机械有限公司、无锡天通建筑机械有限公司、上海再瑞高层设备有限公司、上海普英特高层设备股份有限公司、中宇博机械制造股份有限公司、上海凯博高层设备有限公司、无锡安高检测有限公司、雄宇重工集团股份有限公司、无锡驰恒建设有限公司、成都嘉泽正达科技有限公司、无锡城市职业技术学院和江苏鼎都检测有限公司以及有关方面专家们的大力支持，并分别承担了本系列教材各书的编写工作，在此一并致谢！

　　本系列教材主要用于高空作业机械从业人员职业安全技术培训与考核，也可作为专业院校和培训机构的教学用书。不妥之处，敬请广大读者提出宝贵意见。

　　高空作业机械从业人员安全技术职业培训教材编审委员会

前　　言

为加强建筑施工安全管理，提高高危作业施工人员的职业技能和职业素质，保护施工人员生命安全和身体健康，根据《国务院办公厅关于印发职业技能提升行动方案（2019—2021年）》（国办发〔2019〕24号）文件精神，积极配合政府主管部门开展高危作业人员的职业技能培训提升工作，我们编写了《附着升降脚手架安装拆卸工》安全技术职业培训教材。

随着社会经济高速发展，建筑物高度越来越高，施工速度越来越快，附着升降脚手架替代传统脚手架进行结构主体施工以及装饰、装修等外墙施工，在高层建筑施工中得到越来越广泛地使用。

由于附着升降脚手架安装、操作、拆卸或使用不当，就会发生生产安全事故，因此，与其有关的从业人员接受系统的安全技术职业培训考核，持证上岗是十分必要的。

本教材共分9章，包括：职业道德与施工安全基础教育；附着升降脚手架基础知识；附着升降脚手架安全技术要求；附着升降脚手架的安装与拆除；附着升降脚手架的升降和使用；附着升降脚手架电气与同步控制系统；附着升降脚手架的日常检查与维护保养；附着升降脚手架的危险源辨识、故障排除与应急处置；附着升降脚手架事故案例分析等内容。本着科学、实用、适用的原则，本教材内容深入浅出，语言通俗易懂，形式图文并茂，系统性、权威性、可操作性强。既可作为职业技能提升培训教材，也可作为施工现场有关人员常备参考书和自学用书。

本教材由张帅高级工程师主编，吴仁山教授、闵向林副处长和孙佳博士审核。在教材编写过程中得到吴杰、喻惠业、吴灿彬、刘志刚、蔡东高、汤剑、陈敏华、鲍煜晋、张大骏、葛伊杰、周铁仁、陈德学、齐宏、石海、杜景鸣、董连双、费强、朱建伟、戈振华和俞莉梨等专家的积极参与和支持，谨此表示感谢！不妥之处，欢迎广大读者批评指正。

编　者
2021 年 5 月

目　　录

第一章 职业道德与施工安全基础教育

第一节 职业道德基础教育

一、职业道德的基本概念

1. 什么是职业道德

职业道德是指从事一定职业的从业人员在职业活动中应当遵循的道德准则和行为规范，是社会道德体系的重要组成部分，是社会主义核心价值观的具体体现。职业道德通过人们的信念、习惯和社会舆论而起作用，成为人们评判是非、辨别好坏的标准和尺度，从而促使人们不断增强职业道德观念，不断提高社会责任感和服务水平。

2. 职业道德的主要内容

职业道德主要包括：职业道德概念、职业道德原则、职业道德行为规范、职业守则、职业道德评价、职业道德修养等。

良好的职业道德是每个职业的从业人员都必须具备的基本品质，良好的职业修养是每一名优秀的职业从业人员必备的素质，这两点是职业对从业人员最基本的规范和要求，同时也是每个职业从业人员担负起自己的工作责任必备的素质。

3. 职业道德的含义

（1）职业道德是一种职业规范，受社会普遍的认可。

（2）职业道德是长期以来自然形成的。

（3）职业道德没有确定的形式，通常体现为观念、习惯、信念等。

（4）职业道德依靠文化、内心信念和习惯，通过职工的自律来实现。

（5）职业道德大多没有实质的约束力和强制力。

（6）职业道德的主要内容是对职业人员义务的要求。

（7）职业道德标准多元化，代表了不同职业可能具有不同的职业价值观。

（8）职业道德承载着职业文化和凝聚力，影响深远。

二、职业道德的基本特征

1. 具有普遍性

各行各业的从业者都应当共同遵守基本职业道德行为规范，且在全世界的所有职业的从业者都有着基本相同的职业道德规范。

2. 具有行业性

职业道德具有适用范围的有限性。各行各业都担负着一定的职业责任和职业义务。由于各行各业的职业责任和义务不同，从而形成各自特定的行业职业道德的具体规范。职业道德的内容与职业实践活动紧密相连，反映着特定行业的职业活动对其从业人员行为的具体道德要求。

3. 具有继承性

职业道德具有发展的历史继承性。由于职业具有不断发展和世代延续的特征，不仅其技术世代延续，其管理员工的方法、与服务对象打交道的方式，也有一定历史继承性。在长期实践过程中形成的职业道德内容，会被作为经验和传统继承下来，如"有教无类""童叟无欺"和"修合无人见，存心有认知"等千年古训，都是所在行业流传至今的职业道德。

4. 具有实践性

职业行为过程，就是职业实践过程，只有在实践过程中，才能体现出职业道德的水准。职业道德的作用是调整职业关系，对从业人员职业活动的具体行为进行规范，解决现实生活中的具体道德冲突。一个从业者的职业道德知识、情感、意志、信念、觉悟、良心等都必须通过职业的实践活动，在自己的行为中表现出来，并且接受行业职业道德的评价和自我评价。

5. 具有多样性

职业道德表达形式多种多样。不同的行业和不同的职业，有不同的职业道德标准，且表现形式灵活多样。职业道德的表现形式总是从本职业的交流活动实际出发，采用诸如制度、守则、公约、承诺、誓言、条例等形式，乃至标语口号之类加以体现，既易于为从业人员接受和实行，而且便于形成一种职业的道德习惯。

6. 具有自律性

从业者通过对职业道德的学习和实践，逐渐培养成较为稳固的职业道德习惯与品质。良好的职业道德形成以后，又会在工作中逐渐形成行为上的条件反射，自觉地选择有利于社会、有利于集体的行为。这种自觉性就是通过自我内心职业道德意识、觉悟、信念、意志、良心的主观约束控制来实现的。

7. 具有他律性

道德行为具有受舆论影响与监督的特征。在职业生涯中，从业人员随时都要受到所从事职业领域的职业道德舆论的影响与监督。实践证明，创造良好职业道德的社会氛围、职业环境，并通过职业道德舆论的宣传与监督，可以有效地促进人们自觉遵守职业道德，并实现互相监督，共同提升道德境界。

三、职业道德的主要作用

1. 加强职业道德是提高从业人员责任心的重要途径

职业道德要求把个人理想同各行各业、各个单位的发展目标结合起来，同个人的岗位职责结合起来，以增强员工的职业观念、职业事业心和职业责任感。职业道德要求员工在本职工作中不怕艰苦，勤奋工作，既讲团结协作，又争个人贡献，既讲经济效益，又讲社会效益。加强职业道德要求，紧密联系本行业本单位的实际，有针对性地解决存在的问题。

2. 加强职业道德是促进企业和谐发展的迫切要求

职业道德的基本职能是调节职能，一方面可以调节从业人员内部的关系，即运用职业道德规范约束职业内部人员的行为，促进职业内部人员的团结与合作，加强职业、行业内部人员的凝聚力；另一方面，职业道德又可以调节从业人员与服务对象之间的关系，用来塑造本职业从业人员的社会形象。

3. 加强职业道德是提高企业竞争力的必要措施

当前市场竞争激烈，各行各业都讲经济效益，要求企业的经营者在竞争中不断开拓创新。在企业中加强职业道德教育，使得企业在追求自身利润的同时，又能创造好的社会效益，从而提升企业形象，赢得持久而稳定的市场份额；同时，也使企业内部员工之间相互尊重、相互信任、相互合作，从而提高企业凝聚力，企业方能在竞争中稳步发展。

4. 加强职业道德是个人健康发展的基本保障

市场经济对于职业道德建设有其积极一面，也有消极的一面。提高从业人员的道德素质，树立职业理想，增强职业责任感，形成良好的职业行为，抵抗物欲诱惑，不被利欲所熏心，才能脚踏实地在本行业中追求进步。在社会主义市场经济条件下，只有具备职业道德精神的从业人员，才能在社会中站稳脚跟，成为社会的栋梁之材，在为社会创造效益的同时，也保障了自身的健康发展。

5. 加强职业道德教育是提高全社会道德水平的重要手段

职业道德是整个社会道德的主要组成部分。它一方面涉及每个从业者如何对待职业，如何对待工作，同时也是一个从业人员的生活态度、价值观念的表现，是一个人的道德意识和道德行为发展到成熟阶段的体现，具有较强的稳定性和连续性。另一方面，职业道德也是一个职业集体甚至一个行业全体人员的行为表现，如果每个行业、每个职业集体都具备优良的职业道德，那么对整个社会道德水平的提高就会发挥重要作用。

四、职业道德基本规范与职业守则

1. 职业道德基本规范

职业道德的基本规范是爱岗敬业，忠于职守；诚实守信，办事公道；遵纪守法，廉洁奉公；服务群众，奉献社会。

（1）爱岗敬业

爱岗敬业是爱岗与敬业的总称。爱岗和敬业，互为前提，相互支持，相辅相成。"爱岗"是"敬业"的基石，"敬业"是"爱岗"的升华。

爱岗：就是从业人员首先要热爱自己的工作岗位，热爱本职工作，才能安心工作、献身所从事的行业，把自己远大的理想和追求落到工作实处，在平凡的工作岗位上做出非凡的贡献。

敬业：是从业人员职业道德的内在要求，是要以一种严肃认真的态度对待工作，工作勤奋努力，精益求精，尽心尽力，尽职尽责。敬业是随着市场经济的发展，对从业人员的职业观念、态度、技能、纪律和作风都提出的新的更高的要求。

（2）忠于职守

忠于职守有两层含义：一是忠于职责，二是忠于操守。忠于职责，就是要自动自发地担当起岗位职能设定的工作责任，优质高效地履行好各项义务。忠于操守，就是为人处世必须忠诚地遵守一定的社会法则、道德法则和心灵法则。

忠于职守就是要把自己职业范围内的工作做好，努力达到工作质量标准和规范要求。

2. 职业守则

职业守则就是从事某种职业时必须遵循的基本行为规则，也称准则。每一个行业都有必须遵守的行为规则，把这种规则用文字形态列成条款，形成每一个成员必须遵守的规定，叫职业守则。

机械行业的职业守则至少应包括以下内容：

（1）遵守法律法规；

（2）具有高度的责任心；

（3）严格执行机械设备安全操作规程。

第二节　高空作业机械从业人员的职业道德

一、高空作业机械行业的职业特点

1. 高空作业机械设备具有双重危险性

附着升降脚手架、高处作业吊篮、擦窗机和附着升降脚手架等等高空作业机械设备，既具有高处作业的危险性，同时又具备机械设备操作的双重危险性。

高空作业机械从业人员最突出的职业特点是，所面对的设备设施都是载人高处作业的，其操作具有极大的危险性，稍有不慎就可能造成对本人或对他人的伤害。高空作业机械作业的高危性决定了从业人员必须具备良好的职业道德和职业素养。

2. 高空作业机械设备比特种设备具有更大的危险性

虽然目前许多高空作业机械设备尚未被国家列入特种设备目录，但是其操作的高危性丝毫不亚于塔式起重机和施工升降机等建筑施工特种设备。而且高空作业机械设备载人高空作业，如若操作不当，非常容易发生人员伤亡事故。

据不完全统计，目前全国每年发生的载人高空作业机械设备安全事故高达数十起，伤亡上百人，而且机毁人亡的恶性事故占绝大多数。

3. 高空机械作业人员应培训持证上岗

2010年5月，国家安全生产监督管理总局令第30号《特种作业人员安全技术培训考核管理规定》第三条：本规定所称特种作业，是指容易发生事故，对操作者本人、他人的安全健康及设备、设施的安全可能造成重大危害的作业。

第30号令在附件《特种作业目录》中规定："3　高处作业……。适用于利用专用设备进行建筑物内外装饰、清洁、装修，电力、电信等线路架设，高处管道架设，小型空调高处安装、维修，各种设备设施与户外广告设施的安装、检修、维护以及在高处从事建筑物、设备设施拆除作业"，明确将"高处作业"列入了"特种作业目录"，而且将"利用专用设备进行作业"包括在"高处作业"的适用范围内。显然，利用高空作业机械进行作业应当包括在"高处作业"的范围内，直接从事高空作业机械操作、安装、拆卸和维修的人员都应当属于特种作业人员。

2014年8月，颁布的《中华人民共和国安全生产法》第二十七条进一步规定："生产经营单位的特种作业人员必须按照国家有关规定经专门的安全作业培训，取得相应资格，方可上岗作业。"

二、高空作业机械从业人员应当具备的职业道德

1. 建筑施工行业对职业道德规范要求

高空作业机械设备主要应用于建筑施工领域，从属于建筑施工行业。根据住房和城乡建设部发布的《建筑业从业人员职业道德规范（试行）》[（97）建建综字第33号]，对施工作业人员职业道德规范要求如下。

（1）苦练硬功，扎实工作：刻苦钻研技术，熟练掌握本工程的基本技能，努力学习和运用先进的施工方法，练就过硬本领，立志岗位成才。热爱本职工作，不怕苦、不怕累，认认真真，精心操作。

（2）精心施工，确保质量：严格按照设计图纸和技术规范操作，坚持自检、互检、交接检制度，确保工程质量。

（3）安全生产，文明施工：树立安全生产意识，严格执行安全操作规程，杜绝一切违章作业。维护施工现场整洁，不乱倒垃圾，做到工完场清。

（4）争做文明职工，不断提高文化素质和道德修养，遵守各项规章制度，发扬劳动者的主人翁精神，维护国家利益和集体荣誉，服从上级领导和有关部门的管理，争做文明职工。

2. 高危作业人员职业道德的核心内容

（1）安全第一

必须坚持"预防为主、安全第一、综合治理"的方针，严格遵守操作规程，强化安全意识，认真执行安全生产的法律、法规、标准和规范，杜绝"三违"（违章指挥、违章操作、违反劳动纪律）现象，在工作中具有高度责任心。努力做到"三不伤害"（即：不伤害自己、不伤害他人、不被他人所伤害），树立绝不能因为自己的一时疏忽大意，而酿成机毁人亡的惨痛结果的职业道德意识。

（2）诚实守信

诚实守信作为社会主义职业道德的基本规范，是和谐社会发展的必然要求，它不仅是建设领域职工安身立命的基础，也是企业赖以生存和发展的基石。操作人员要言行一致，表里如一，真实无欺，相互信任，遵守诺言，忠实地履行自己应当承担的责任和义务。

（3）爱岗敬业

高空作业机械的主要服务领域是我国支柱产业之一的建筑业。高空作业机械作为替代传统脚手架进行高处接近作业的设备，完全符合国家节能减排的产业政策，具有极强的生命力。我国高空作业机械行业经历了40多年的发展，目前正处在高速发展的上升阶段，属于极具发展潜力的朝阳产业。作为高空作业机械行业的从业人员应该充分体会到工作的成就感和职业的稳定感，应该为自己能在本职岗位上为国家与社会做贡献而感到骄傲和自豪。

（4）钻研技术

从业人员要努力学习科学文化知识，刻苦钻研专业技术，苦练硬功，扎实工作，熟练掌握本工作的基本技能，努力学习和运用先进的施工方法，精通本岗位业务，不断提高业务能力。对待本职工作要力求做到精益求精永无止境。要不断学习和提高职业技能水平，服务企业，服务行业，为社会做出更多、更大的贡献。

（5）遵纪守法

自觉遵守各项相关的法律、法规和政策；严格遵守本行业和本企业的规章制度、安全操作规程和劳动纪律；要公私分明，不损害国家和集体的利益，严格履行岗位职责，勤奋努力工作。

第三节　建筑施工安全有关规定

一、相关法规对建筑安全生产的规定

1.《中华人民共和国宪法》

《中华人民共和国宪法》规定，国家通过各种途径，创造劳动就业条件，加强劳动保护，改善劳动条件，并在发展生产的基础上，提高劳动报酬和福利待遇。

2.《中华人民共和国安全生产法》

《中华人民共和国安全生产法》规定，生产经营单位必须遵守本法和其他有关安全生产的法律、法规，加强安全生产管理，建立、健全安全生产责任制和安全生产规章制度，改善安全生产条件，推进安全生产标准化建设，提高安全生产水平，确保安全生产。

第一百零九条，对生产安全事故发生负有责任的生产经营单位，安监部门将对其处以罚款。

发生一般事故（指造成 3 人以下死亡，或者 10 人以下重伤，或者 1000 万元以下直接经济损失的事故）的，处二十万元以上五十万元以下的罚款。

发生较大事故［指造成 3 人（含 3 人）以上 10 人以下死亡，或者 10 人（含 10 人）以上 50 人以下重伤，或者 1000 万元（含 1000 万元）以上 5000 万元以下直接经济损失的事故］的，处五十万元以上一百万元以下的罚款。

发生重大事故［指造成 10 人（含 10 人）以上 30 人以下死亡，或者 50 人（含 50 人）以上 100 人以下重伤，或者 5000 万元（含 5000 万元）以上 1 亿元以下直接经济损失的事故〕的，处一百万元以上五百万元以下的罚款。

发生特别重大事故〔指造成 30 人（含 30 人）以上死亡，或者 100 人（含 100 人）以上重伤，或者 1 亿元（含 1 亿元）以上直接经济损失的事故〕的，处五百万元以上一千万元以下的罚款；情节特别严重的，处一千万元以上两千万元以下的罚款。

3.《中华人民共和国建筑法》

第五章对建筑安全生产管理作出专门规定：

（1）建筑施工企业必须依法加强对建筑安全生产的管理，执行安全生产责任制度，采取有效措施，防止伤亡和其他安全生产事故的发生。

（2）建筑施工企业应当建立健全劳动安全生产教育培训制度，加强对职工安全生产的教育培训；未经安全生产教育培训的人员，不得上岗作业。

（3）建筑施工企业和作业人员在施工过程中，应当遵守有关安全生产的法律、法规和建筑行业安全规章、规程，不得违章指挥或者违章作业。作业人员有权对影响人身健康的作业程序和作业条件提出改进意见，有权获得安全生产所需的防护用品。作业人员对危及生命安全和人身健康的行为有权提出批评、检举和控告。

4.《建设工程安全生产管理条例》

《建设工程安全生产管理条例》规定：

（1）垂直运输机械作业人员、安装拆卸工、爆破作业人员、起重信号工、登高架设作业人员等特种作业人员，必须按照国家有关规定经过专门的安全作业培训，并取得特种作业操作资格证书后，方可上岗作业。

（2）施工单位应当在施工现场入口处、施工起重机械、临时用电设施、脚手架、出入通道口、楼梯口、电梯井口、孔洞口、桥梁口、隧道口、基坑边沿、爆破物及有害危险气体和液体存放处等危险部位，设置明显的安全警示标志。安全警示标志必须符合国家标准。

（3）施工单位应当根据不同施工阶段和周围环境及季节、气候的变化，在施工现场采取相应的安全施工措施。施工现场暂时停止施工的，施工单位应当做好现场防护，所需费用由责任方承担，或者按照合同约定执行。

（4）施工单位应当向作业人员提供安全防护用具和安全防护服装，并书面告知危险岗位的操作规程和违章操作的危害。

（5）作业人员有权对施工现场的作业条件、作业程序和作业方式中存在的安全问题提出批评、检举和控告，有权拒绝违章指挥和强令冒险作业。

（6）在施工中发生危及人身安全的紧急情况时，作业人员有权立即停止作业或者在采取必要的应急措施后撤离危险区域。

二、施工安全的重要性

施工安全是关系着国家与企业财产和人民生命安全的大事，是一切生产活动的根本保证。

1. 施工安全是施工企业经营活动的基本保证

只有在安全的环境中和有保障的条件下，操作人员才能毫无后顾之忧的，集中精力投入到施工作业中，并且激发出极大的工作热情和积极性，从而提高劳动生产率，提高企业经济效益，使企业的生产经营活动得以稳定、顺利、正常地进行。

相反，在安全毫无保障或环境危险恶劣的条件下作业，操作人员必然提心吊胆、瞻前顾后，影响作业积极性和劳动生产率。如果安全事故频发，必然影响企业经济效益和职工情绪。一旦发生人身伤亡事故，不但伤亡者本身失去了宝贵的生命或造成终身残疾或承受肉体痛苦，而且给其家庭带来精神痛苦和无法弥补的损失。同时破坏了企业的正常生产秩序，损毁了企业形象。

安全生产既关系到职工及家庭的痛苦与幸福，又关系到企业的经济效益和企业的兴衰命运。施工安全是施工企业生产经营活动顺利进行的基本保证。

2. 安全生产是社会主义企业管理的基本原则之一

劳动者是社会生产力中最重要的因素，保护劳动者的安全与健康是党和国家的一贯方针。安全生产是维护工人阶级和劳动人民根本利益的，是党和国家制定企业管理政策、制度和规定的基础。

发展社会主义经济的目的之一就是满足广大人民日益增长的物质和精神生活的需要。重视安全生产，狠抓安全生产，把安全生产作为社会主义企业管理的一项基本原则，这是党和国家对劳动者切身利益的关心与体贴，充分体现了社会主义制度的优越性。

为了防止人身伤亡事故的发生，保护国家财产不受损失，党和政府颁布了一系列关于安全生产的政策和法令，把安全生产作为评定和考核企业的重要标准，实行安全一票否决的考核制度，还规定了劳动者有要求在劳动中保护安全和健康的权利。

3. 如何做到安全生产

（1）安全生产必须全员（包括经营者、领导者、管理者和劳动者）参与，高度重视。人人树立"安全第一"的思想，环环紧扣，不留盲区和死角。

（2）安全生产必须坚持"预防为主"，防患于未然，杜绝事故发生，避免马后炮。

（3）安全生产必须依靠群众才有基础和保证。每个劳动者都是安全生产的执行者，也是安全生产的责任人。安全生产与群众息息相关，密不可分。

（4）安全工作是一项长期的、经常性的艰苦细致的工作。必须常抓不懈，一丝不苟，警钟长鸣才能保证安全生产。

（5）要在不断增强全体员工安全观念和安全意识的同时，采用科学先进的方法加强安全技术知识的教育和培训，不断提高员工的安全科学知识和安全素质。

（6）高空作业机械行业的从业人员，从事着危险性极大的工作，直接关系着作业的安全。所以必须遵守各项安全规章制度，严格按照安全操作规程进行操作，确保作业安全。

第四节　建筑施工安全基础知识

一、建筑施工高处作业

1. 高处作业基本概念

《高处作业分级》GB/T 3608—2008 规定：凡在坠落高度基准面 2m 或 2m 以上有可能坠落的高处进行的作业，称为高处作业。

在建筑施工中，涉及高处作业的范围相当广泛。高处坠落事故是建筑施工中发生频率最高的事故之一。

2. 高处作业分级

《高处作业分级》GB/T 3608—2008 规定：

作业高度在 2 ~ 5m 时，称为 I 级高处作业；

作业高度在 5 ~ 15m 时，称为 II 级高处作业；

作业高度在 15 ~ 30m 时，称为 III 级高处作业；

作业高度在 30m 以上时，称为 IV（特级）高处作业。

随着我国超高层建筑迅速发展，高空作业机械升空作业高度不断增加，已由 20 世纪 80 年代的 50 ~ 60m，增加到目前的 100 ~ 200m 左右，甚至高达数百米。由于升空作业高度远远大于 30m，因此属于典型的特级高处作业，具有重大危险性。

3. 高处作业可能坠落半径范围 R

作业高度在 2 ~ 5m 时，R 为 3m；

作业高度在 5 ~ 15m 时，R 为 4m；

作业高度在 15 ~ 30m 时，R 为 5m；

作业高度在 30m 以上时，R 为 6m。

二、高处作业的安全防护

1. 常用安全防护用品

在施工生产过程中能够起到人身保护作用，使作业人员免遭或减轻人身伤害、职业危害所配备的防护装备，称为安全防护用品也称劳动防护用品。

高处作业属于危险性较大的作用方式，属于特种作业，高处作业人员个人安全防护十分必要。如图 1-1 所示，对高处作业人员应进行全面防护，以降低其施工安全风险。

正确佩戴和使用劳动防护用品，可以有效防止以下情况发生：

（1）从事高空作业的人员，系好安全带可以防止高空坠落；

扣紧衣扣领口
戴好安全帽
佩戴胸卡
扣上袖口
衣服和裤子要整洁
戴好安全带
下肢不能裸露
鞋要防滑、绝缘

图 1-1　个人安全防护

（2）从事电工（或手持电动工具）作业，穿好绝缘鞋可以预防触电事故发生；

（3）穿好工作服，系紧袖口，可以避免发生机械缠绕事故；

（4）戴好安全帽，可避免或减轻物体坠落或头部受撞击时的伤害。

安全帽、安全带和安全网对建筑工人安全防护非常重要，被称为建筑施工"安全三宝"。

正确佩戴与合理使用安全帽、安全带和防坠落安全绳对于高空作业机械作业人员是十分重要的，下面进行重点介绍。

2. 安全帽的正确使用

安全帽被称为"安全三宝"之一，是建筑工人尤其是高空作业人员保护头部，防止和减轻事故伤害，保证生命安全的重要个人防护用品。因此，不戴安全帽一律不准进入施工现场，一律不准进行高空作业机械作业，并要正确戴好安全帽。

安全帽是用来保护人体头部而佩戴的具有一定强度的圆顶型

防护用品。安全帽的作用是对人体头部起防护作用，防止头部受到坠落物及其他特定因素的冲击造成伤害。

（1）安全帽的正确佩戴方法

1）在佩戴安全帽前，应将帽后调整带按使用者的头型尺寸调整到合适的位置，然后将帽内弹性带系牢。

2）如图 1-2 所示，缓冲衬垫的松紧由带子调节，人的头顶和帽体顶部的空间垂直距离一般在 25 ～ 50mm 之间，以 32mm 左右为宜。这样才能保证当遭受到冲击时，帽体有足够的空间可供缓冲，平时也有利于头部和帽体间的通风。

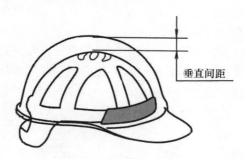

垂直间距

图 1-2　帽顶内部空间

3）必须将安全帽戴正、戴牢，不能晃动，否则，将降低安全帽对于冲击的防护作用。

4）下颏带必须扣牢在颌下，且松紧适度，并调节好后箍。以防安全帽被大风吹落，或被其他障碍物碰掉，或由于头部的前后摆动，致使安全帽脱落。

5）严禁使用帽内无缓冲层的安全帽。

（2）安全帽使用注意事项

1）新领用的安全帽，应检查是否具有允许生产的标志及产品合格证，再看是否存在破损、薄厚不均，缓冲层、调整带和弹性带是否齐全有效。不符合规定的应要求立即调换。

2）在使用之前，应仔细检查安全帽的外观是否存在裂纹、磕碰伤痕、凸凹不平、过度磨损等缺陷，帽衬是否完整、结构是否处于正常状态。发现安全帽存在异常现象要立即更换，不得使用。

3）由于安全帽在使用过程中，会逐渐老化或损坏，故应定期检查有无龟裂、凹陷、裂痕和严重磨损等情况。安全帽上如存在影响其性能的明显缺陷就应及时报废，以免影响防护作用。

4）任何受过重击或有裂痕的安全帽，不论有无其他损坏现象，均应报废。

5）应保持安全帽的整洁，不得接触火源、任意涂刷油漆或当凳子使用等有可能损伤安全帽的行为。

6）安全帽不得在酸、碱或其他化学污染的环境中存放，不得放置在高温、日晒或潮湿的场所中，以免加速老化变质。

3. 安全带的正确使用

安全带也是建筑施工"安全三宝"之一，是防止高处作业人员发生坠落或发生坠落后将作业人员安全悬挂的个体防护装备。

高空作业机械作业人员应配备如图 1-3 所示的坠落悬挂安全带，又称全身式高空作业安全带。

图 1-3　全身式高空作业安全带

（1）安全带的组成及各组成部分作用

如图 1-4 所示，安全带是由系带、连接绳、扣件和连接器等组成。

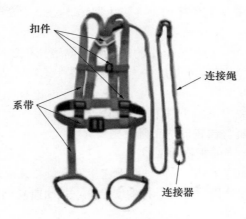

图 1-4　安全带的组成

1）系带由腰带、护腰带、前胸连接带、背带和腿带等带子组成，用于坠落时支撑人体，分散冲击力，避免人体受到伤害。

2）连接绳或称短绳，用于连接系带和自锁器或其他连接器。

3）连接器是具有活门的连接部件，将连接绳与挂点连接在一起。自锁器是一种具有自锁功能的连接器。

4）扣件包括扎紧扣和调节扣，用于连接、收紧和调节各种带子。

（2）安全带的正确使用

1）在使用前，应检查各部位是否完好，发现破损应停止使用。

2）连接背带与连接绳，系好胸带、腰带、腿带，并且收紧调整松紧度，锁紧卡环。

3）将安全带连接到安全绳上时，必须采用专用配套的自锁器或具有相同功能的单向自锁卡扣，自锁器不得反装。

4）安全带连接绳的长度，在自锁器与钢丝绳制成的柔性导轨连接时，其长度不应超过 0.3m；在自锁器与织带或纤维绳制成的柔性导轨连接时，其长度不应超过 1.0m。

（3）安全带使用注意事项

1）使用前必须做一次全面检查，发现破损停止使用。

2）安全带应高挂低用，并防止摆动、碰撞，避开尖锐物质，不得接触明火。

3）作业时，应将安全带的钩、环牢固地挂在悬挂点上。

4）在低温环境中使用安全带时，要注意防止安全带变硬、变脆或被割裂。

5）安全带上的各种部件不得任意拆除。

4. 安全绳与自锁器的正确使用

（1）安全绳的规格与要求

安全绳如图1-5所示，是用于连接安全带与挂点的大绳。

高处作业使用的垂直悬挂的安全绳，属于与坠落悬挂安全带配套使用的长绳。

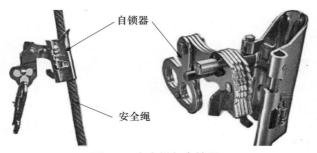

图1-5　安全绳与自锁器

安全绳的规格与要求如下：

1）绳径应不小于 ϕ18mm；

2）断裂强度应不小于22kN；

3）宜选用具有高强度、耐磨、耐霉烂和弹性好的锦纶绳；

4）整根安全绳不准存在中间接头。

（2）安全绳的正确使用

1）每次使用安全绳时，必须作一次外观检查，发现破损应立即停止使用。

2）在安全绳触及建（构）筑物的转角或棱角部位处，应进行衬垫或包裹，且防止衬垫或包裹物脱落。

3）在使用时，安全绳应保持处于铅锤状态。

4）不得在高温处使用。在接近焊接、切割或其他热源等场所时，应对安全绳进行隔热保护。

5）安全绳不允许打结或接长使用。

6）安全绳的绳头不应留有散丝，应进行燎烫处理，或加保护套。

7）在使用过程中，也应经常注意查看安全绳的外观状况，发现破损及时停用。

8）在半年至一年内应进行一次试验，以主部件不受损坏为前提。

9）发现有破损、老化变质情况时，应及时停止使用，以确保操作安全。

10）发生过坠落事故冲击的安全绳不应继续使用。

11）安全绳应储存在干燥通风的仓库内，并经常进行保洁，不得接触明火、强酸碱，勿与锋利物品碰撞，勿放在阳光下暴晒。

（3）自锁器及其性能要求

自锁器如图1-5所示，又称为导向式防坠落器。自锁器的性能要求如下：

1）无论安全绳绷紧或松弛，自锁器均应能正常工作；

2）自锁器及安全绳应能保证在允许作业的冰雪环境下能够正常使用；

3）导轨为钢丝绳时，自锁器下滑距离不应超过0.2m，导轨为纤维绳或织带时，自锁器下滑距离不应超过1.0m。

（4）自锁器的使用规定

1）必须正确选用安全绳，且与安全绳的直径相匹配，严禁混用。

2）必须按照标识方向正确安装自锁器，切莫反装。

3）安装前需退出保险螺钉，按爪轴的开口方向将棘爪与滚轮组合件按反时针方向退出。

4）装入安全绳后，按开口方向顺时针装入。再合上保险，将保险螺钉拧上即可，不宜过紧。

5）装入安全绳后，检验自锁器的上、下灵活度。

6）如发现自锁器异常，必须停止使用，严禁私自装卸修理。

7）使用一年后，应抽取 1 ～ 2 只磨损较大的自锁器，用 80kg 重物做自由落体冲击试验，如无异常，此批可继续使用 3 个月；此后，每 3 个月应视使用情况做一次试验。

8）经过冲击试验或重物冲击的自锁器严禁继续使用。

三、施工现场常用安全标志

施工现场的作业环境复杂，不安全因素众多，属于高风险的作业场所。为了加强施工安全管理，在施工现场的危险部位及设备设施上设置醒目的安全警示标志，用以提醒施工作业人员强化安全意识，规范自身行为，严守安全纪律，防止伤亡事故的发生。

1. 安全标志的分类

现行国家标准《安全标志及使用导则》GB 2894—2008 规定：

安全标志是用以表达特定安全信息的标志，由图形符号、安全色、几何形状（边框）或文字构成。

安全标志分为禁止标志、警告标志、指令标志、提示标志四类。此外，还有补充标志。

（1）禁止标志

禁止标志是禁止人们不安全行为的图形标志。

禁止标志表示一种强制性的命令，其含义是不准或制止人们的某些行动。如图 1-6 所示，禁止标志的几何图形是带斜杠的圆环。其中，圆环与斜杠相连，用红色；图形符号用黑色，背景用白色。

施工现场常用的禁止标志主要有：禁止烟火、禁止通行、禁止堆放、禁止吸烟、有人工作禁止合闸、禁止靠近、禁止抛物、禁止触摸、禁止攀登和禁止停留等。

图 1-6　禁止标志

（2）警告标志

警告标志是提醒人们对周围环境引起注意，以避免可能发生危险的图形标志。

警告标志表示必须小心行事或用来描述危险属性，其含义是警告人们可能发生的危险。如图 1-7 所示，警告标志的几何图形是黑色的正三角形、黑色符号和黄色背景。

图 1-7　警告标志

施工现场常用的警告标志主要有：注意安全、当心触电、当心爆炸、当心吊物、当心落物、当心坠落、当心碰头、当心电缆、当心塌方、当心坑洞和当心滑跌等。

（3）指令标志

指令标志是强制人们必须做出某种动作或采用防范措施的图形标志。

如图 1-8 所示，指令标志的几何图形是圆形，蓝色背景，白色图形符号。施工现场常用的指令标志主要有：必须戴好安全帽、必须穿好防护鞋、必须系好安全带、必须戴好防护眼镜和必须穿好防护服等。

图 1-8　指令标志

（4）提示标志

提示标志是向人们提供某种信息（如标明安全设施或场所等）的图形标志。

提示标志的几何图形是方形，绿色或红色背景，白色图形符号及文字。如图 1-9 所示，施工现场常用的提示标志主要有：安全通道、紧急出口、安全楼梯、可动火区、地下消火栓、消防水带和灭火器等。

图 1-9　提示标志

2. 安全色与对比色

（1）安全色

标准规定：用红、黄、蓝、绿四种颜色分别表示禁止、警告、指令、提示标志的安全色。

1）红色表示禁止、停止、危险的意思或提示消防设备设施的信息。

2）黄色表示注意、警告的意思。

3）蓝色表示指令、必须遵守的规定。

4）绿色表示通行、安全和提供信息的意思。

（2）对比色

对比色是使安全色更加醒目的反衬色，用以提高安全色的辨别度。

标准规定，对比色是黑、白两种颜色，且黑色与白色互为对比色。黑色用于安全标志的文字、图形符号和警告标志的几何边框。白色作为安全标志红、蓝、绿的背景色，也可用于安全标志的文字和图形符号。

安全色与对比色同时使用的，应按照表1-1的规定搭配使用：

安全色与对比色的搭配使用表　　　　　　　　表1-1

安全色	对比色
红色	白色
蓝色	白色
黄色	黑色
绿色	白色

3. 施工现场常用安全标志

施工现场常用安全标志示例见本教材封底内页"安全标志（摘录）"。

四、施工现场消防基础知识

按照《中华人民共和国消防法》的规定，"消防工作贯彻预防为主，防消结合的方针。"在消防工作中要把预防放在首位，"防患于未然"。同时，要切实做好扑救火灾的各项准备工作，一且发生火灾，能够及时发现、有效扑救，最大限度地减少人员伤亡和财产损失。

1. 燃烧的基本条件

任何物质发生燃烧，都要有一个由未燃状态转向燃烧状态的过程。这个过程的发生必备三个条件，即可燃物、助燃物和着火源，且三者要相互作用。

（1）可燃物

凡是能与空气中的氧或其他氧化剂起化学反应的物质，称为可燃物。如木材、纸张、汽油、油漆、酒精、煤炭等。

（2）助燃物

凡是能帮助和支持可燃物燃烧的物质，即能与可燃物发生氧化反应的物质，称为助燃物。如空气、氧气等。

（3）着火源

凡能引起可燃物与助燃物发生燃烧反应的能量来源，称为着火源，如电火花、火焰、火星等。烟头中心温度可达 700℃ 以上，因此是不容忽视的着火源。

2. 防火安全注意事项

（1）控制好火源。火源是火灾的发源地，也是引起燃烧和爆炸的直接原因，所以，防止火灾必须控制好各种火源：

1）控制各种明火。施工现场的电焊、气焊施工属于明火源，须加以严格控制；

2）控制受烘烤时间。例如，靠近大功率灯泡旁的易燃物烘烤时间过长，就会引起燃烧；

3）注意用电安全。禁止乱拉、乱扯电线，超负荷用电等。

（2）在施工现场不得占用、堵塞或封闭安全出口、疏散通道和消防车通道。

（3）不得埋压、圈占、损坏、挪用、遮挡消防设施和器材。

3. 灭火器具的选择和使用

（1）扑救固体物质火灾，可选用清水灭火器、泡沫灭火器、干粉灭火器（ABC 干粉灭火器）、卤代烷灭火器。

（2）扑救可燃液体火灾或带电燃烧的火灾，应选用干粉灭火器、二氧化碳灭火器。

（3）扑灭可燃气体火灾，应选用干粉灭火器、卤代烷灭火器、二氧化碳灭火器。

（4）扑灭金属火灾，应选用粉状石墨灭火器、专用干粉灭火器，也可用沙土或铸铁屑末代替。

4. 常用灭火器的使用方法

（1）二氧化碳灭火器的使用方法

将灭火器提到距着火点 5m 左右，拔出保险销，一手握住喇叭形喷筒根部的手柄，把喷筒对准火焰，另一只手压下启闭阀的压把，二氧化碳就会喷射出来。当可燃液体呈流淌状燃烧时，应将二氧化碳射流由近而远向火焰喷射；如扑救容器内可燃液体火灾时，应从容器上部的一侧向容器内喷射，但不能将二氧化碳射流直接冲击到可燃液面，以免将可燃液体冲出容器而扩大火灾。

（2）干粉灭火器的使用方法

在灭火时，将干粉灭火器提到距火源的适当位置，先提起干粉灭火器上下摆动，使干粉灭火器内的干粉变得松散，然后让喷嘴对准燃烧最猛烈处，拔掉保险销，一只手拿喷管对准火焰根部，另一只手用力压下压把，拿喷管左右摆动，干粉便会在气体的压力下由喷嘴喷出，形成浓云般的粉雾而使火熄灭。

（3）泡沫灭火器的使用方法

泡沫灭火器能喷射出大量的二氧化碳及泡沫，使其粘附在可燃物上，将可燃物与空气隔绝，达到灭火目的。泡沫灭火器主要适用于扑灭油类及木材、棉布等一般物质的初起火灾，但不能扑救带电设备和醇、酮、酯、醚等有机溶剂的火灾。

1）化学泡沫灭火器，应将筒体颠倒过来，一只手握紧提环，另一只手握住筒体的底圈，将射流对准燃烧物。在使用过程中，灭火器应当始终处于倒置状态，否则会中断喷射。

2）空气泡沫灭火器，应拔出保险销，一手握住开启压把，另一只手紧握喷枪，用力捏紧开启压把，打开密封或刺穿储气瓶密封片，空气泡沫即可从喷枪中喷出。在使用时，灭火器应当是直立状态，不可颠倒或横卧使用，也不能松开压把，否则会中断喷射。

5. 施工现场消防安全教育与培训

（1）消防安全教育和培训的基本内容

进场时，施工现场的安全管理人员应向施工人员进行消防安全教育和培训，其内容应包括：

1）施工现场消防安全管理制度、防火技术方案、灭火及应急疏散预案的主要内容；

2）施工现场临时消防设施的性能及使用、维护方法；

3）扑灭初起火灾及自救逃生的知识和技能；

4）报警、接警的程序和方法。

（2）消防安全技术交底

施工作业前，施工现场的施工管理人员应向作业人员进行消防安全技术交底，其主要内容应包括：

1）施工过程中可能发生火灾的部位或环节；

2）施工过程应采取的防火措施及应配备的临时消防设施；

3）初起火灾的扑救方法及注意事项；

4）逃生方法及路线。

6. 高空作业机械施工现场消防安全管理

高空作业机械施工现场的火灾易发因素，主要有电焊气割作业、油漆涂装作业、设备电控系统使用及施工人员临时宿舍等。

（1）电气焊割作业

1）电、气焊作为特殊工种，操作人员必须持证上岗，焊割前应该向单位安全管理部门申请用火证方可作业；

2）焊割作业前应清除或隔离周围及上下的可燃物，并严格落实监护措施；

3）焊割作业现场应配备足够的灭火器材；

4）作业完后，应认真检查现场，防止阴燃着火。

（2）油漆涂装作业

1）作业场所严禁一切烟火；

2）在作业平台上应配备相应的数量和特性的灭火器材；

3）在专项施工方案中应规定作业平台上允许的油漆和稀料的易燃物的最大携带量；

4）清除作业平台上的其他易燃物。

（3）设备电控系统使用

1）作业平台不得超负荷运行；

2）应对电控系统设置充分的过热和短路保险装置；

3）应对电气设备进行经常性的检查，查看是否存在短路、发热和绝缘损坏等情况并及时处理；

4）电气设备在使用完毕后应及时切断电源，锁好电箱。

（4）施工人员临时宿舍

1）临时宿舍不准存放易燃易爆物品；

2）不准使用电炉等大功率用电器和私拉乱接电源；

3）不准使用可燃物体做灯罩；

4）夏季使用蚊香务必放在金属盘内，并与可燃物保持一定的距离；

5）冬季在取暖设备周边烘烤衣物必须保持足够的安全距离。

7. 高空作业机械施工现场火灾救援应急预案

（1）在高空作业机械专项施工方案中，应专门设计现场火灾救援应急预案，其内容应包括建立施工现场应急救援小组。

（2）发现火情，现场施工人员要保持清醒，切莫惊慌失措。如果火势不大，尚未对人员造成很大威胁，而且周围有足够的消防器材时，应奋力将小火控制，及时扑灭。

（3）如果发现火势较大或越烧越旺，有被困火灾现场危险时，应立即切断设备电源，拨打消防火警电话（119 或 110）报警，并且迅速报告现场应急救援小组。然后利用周围一切可利用的条件设法脱险逃生。

（4）现场应急救援小组应组织有关人员赶赴现场进行救援。

应本着"先救人，后救物"原则，迅速组织火灾现场施工人员逃生。同时，安排专人疏通或开辟消防通道，接应消防车及时有效救火。

（5）应急救援小组接到报警或发现火情后，应尽快安排人员切断周边有关电源，关闭有关阀门，迅速控制可能加剧火灾蔓延的部位，以减少可能蔓延的因素，为迅速扑灭火灾创造条件。

五、施工现场急救常识

在施工过程中，难免发生各类工伤事故。为了能够迅速采取科学有效的急救措施，保障人的生命健康和财产安全，防止事故扩大，掌握一些施工现场急救常识是十分必要的。

1. 施工现场急救的定义

施工现场急救，即事故现场的紧急临时救治，是发生施工生产安全事故时，在医生未到达现场或送往医院前，利用施工现场的人力、物力对急、重、危伤员，及时采取有效的急救措施，以抢救生命，减少伤员痛苦，防控伤情加重和并发症，为进一步救治做好前期准备。进行施工现场急救时，应遵循"先救命后治伤，先救重后救轻"的原则，果断施行救护措施。

2. 施工现场急救的基本步骤

施工现场急救，通常按照以下几个步骤进行：

（1）确保现场环境安全并及时呼救

发生伤害事故后，施工现场人员要保持冷静，为了保障自身、伤员及其他人的安全，应首先评估现场的危险性；如有必要，应迅速转移伤员至安全区域。当确保现场环境安全后，应迅速拨打120急救电话，并通知相关管理人员。

（2）迅速检查伤员的生命体征

检查伤员意识是否清醒、气道是否畅通、是否有脉搏和呼吸、是否有大出血等可能致命的因素，有条件者可测量血压。然后，查看局部有无创伤、出血、骨折、畸形等情况。

（3）采取急救措施

对伤员采取急救措施时，优先处理以下几种情况：

1）为没有呼吸或心跳的伤病员进行心肺复苏；

2）为出血量大的伤者进行止血包扎；

3）处理休克和骨折的伤病员。

在救护者施救的同时，其他人应协助疏散现场旁观人员，保护事故现场，引导救护车，传递急救用品等。

（4）迅速送往医院

救护车到达现场后，应协助医护人员迅速将伤病员送往医院，进行后续救治。

六、施工现场安全用电基础知识

根据《施工现场临时用电安全规范》JGJ 46—2005 的规定，结合高空作业机械设备在施工现场临时用电的实际情况，在安装之前必须做好用电安全技术准备工作。

1. 施工现场临时用电的原则

（1）必须采用三级配电系统

高空作业机械设备在施工现场临时用电的配电系统如图 1-10 所示。

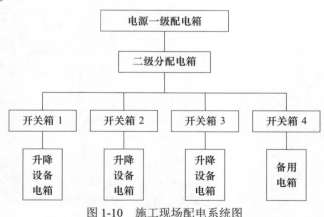

图 1-10　施工现场配电系统图

从施工现场的电源进线至用电设备，必须经总配电箱（电源总配电设备属于一级配电装置）→分配电箱（在用电负荷相对集中处设置的二级分配电装置）→开关箱（专用设备控制箱属于三级配电装置）三个层次逐步配送电力，任何用电设备不得越级配电。

（2）必须采用二级漏电保护装置

在总配电箱中须设置一级漏电开关；在分配电箱或开关箱中必须再设置一级漏电开关。

（3）实施"一机一闸"制

在分配电箱中，一把闸刀管一只开关箱；每只开关箱只连接一台高空作业机械设备的控制回路。

（4）必须设置电气线路的基本保护系统

在三相四线配电线路中，应设置保护零线（PE线）即采用三相五线制的 TN-S 接线保护型式。保护零线应进行不少于三处的重复接地。

如图 1-11 所示，在三相四线制供电局部 TN-S 系统中，基本接地和接零保护系统与二级漏电保护装置，共同组成了现场临时用电系统的二道防止触电的防线。

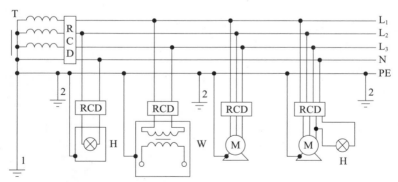

图 1-11　TN-S 接线保护方式示意图

L₁、L₂、L₃—相线；N—工作零线；PE—保护零线；1—工作接地；

2—重复接地；T—变压器；RCD—漏电保护器；H—照明器；

W—电焊机；M—电动机

（5）动力与照明分设原则

动力配电箱和照明配电箱宜单独设置；共用配电箱的动力和照明电路也须分路配电。动力开关箱和照明开关箱应分箱设置，不得共箱分路设置。

高空作业机械设备的电控箱只能专用，不得用于连接其他用电设施。

（6）尽量压缩配电间距

除总配电箱（配电室外）外，分配电箱、开关箱及用电设备间距离应尽量缩短。分配电箱应设在用电设备相对集中处，且与开关箱的距离不得超过30m。

2. 施工现场临时用电的配电装置

施工现场临时用电的配电装置包括配电箱和开关箱的箱体及各类电气元件。箱体制作和使用应符合下列要求：

（1）箱体应满足防尘、防晒、防雨（水）要求，不得采用木板制作。可用厚度不少于1mm的冷轧铁板或其他优质的绝缘板制作。

（2）电气安装板用于安装电气元件及零线（N）保护零线（PE）和端子板，宜采用优质绝缘板制作。当安装板和箱体采用折页式活动连接时，配线必须用编制铜芯软线跨接。

（3）N端子板和PE端子板必须分别设置，避免N线和PE线混接。

（4）N端子板与铁质的箱体之间必须保持绝缘；而PE端子板与铁质箱体必须保持良好电气连接，应采用紫铜板制作，其端子数应与进出线总路数量保持一致。

（5）固定式配电箱、分配电箱及开关箱，其箱底距离地面高度应为1.3～1.5m；移动式配电箱、分配电箱及开关箱，其底部距离地面高度应为0.6～1.5m。

（6）配电箱、分配电箱及开关箱的箱门处应有规范的标牌，内容应包括名称、用途、分路标记、箱内线路接线图等。

（7）配电箱、分配电箱及开关箱均应装设门锁，由专人负责开启和上锁。下班停工或中班停止作业一小时以上，相关电箱应归零、断电、锁箱。

（8）配电箱、分配电箱及开关箱配置的电气元件，应具备以下四种基本功能：

1）电源隔离功能；

2）电路接通与分断功能；

3）短路、过载、漏电等保护功能；

4）通电状态指示功能。

3. 各级电箱的基本元件配置要求

（1）总配电箱应按三相五线型式布置，即必须设置PE端子板。

（2）总电路及分电路的电源隔离开关，均采用三路刀型开关，并设置于进线端子。

（3）总电路及分电路隔离开关负荷侧设置三路断路开关（或熔断器、刀熔开关等短路保护装置），三相四线漏电开关。

（4）分配电箱应按次序装设隔离开关、短路保护（熔断器、短路开关）过载保护器（热继电器等）。

（5）动力开关箱的电气元件配置，基本上与分配电箱相同，仅电流等级选择不同，漏电开关可选择三相三线型产品。

（6）照明开关箱应单独设置，照明线路采用二路刀开关、二路断路开关或熔断器和单相二线漏电开关。

（7）各类电箱的电气配置和接线严禁任意改动或加接其他用电设备。

4. 各级电箱的接线及使用要求

（1）各级电箱的接线必须由经过按国家现行标准考核合格后的电工持证上岗操作；其他用电人员必须通过相关安全教育培训和技术交底，考核合格后方可上岗工作。

（2）安装、巡检、维修或拆除临时用电设备和线路，必须由电工完成，并应有人监护。

（3）电工在操作时，必须按规定穿戴绝缘防护用品，使用绝缘工具。

（4）配电装置的漏电开关应在班前，按下实验按钮检查一次，试调正常方可继续使用。

（5）暂时停用设备的开关箱必须分断电源隔离开关，并应关门上锁。

（6）移动电气设备时，必须经电工切断电源并做妥善处理后进行。

（7）严禁带电或采用预约停、送电时间方式检修电箱及用电设施。

（8）检修前必须断电，并在隔离开关上挂上"禁止合闸，有人工作"警告牌，由专人负责挂取、送电和停电应严格按下列顺序操作：

1）送电顺序：总配电箱→分配电箱→开关箱；

2）停电顺序：开关箱→分配箱→总配电箱。

第二章 附着升降脚手架基础知识

第一节 附着升降脚手架概述

一、附着升降脚手架的定义

附着升降脚手架是一种高层建筑施工用的外脚手架，为高处作业人员提供施工操作平台，也为建筑施工提供外围安全防护，能够沿建筑结构标准层逐层爬升或下降。附着升降脚手架从下往上提升一层，施工一层结构主体；当主体施工完毕，再从上往下下降一层，装修一层建筑外墙，直至标准层外墙装修施工完毕。附着升降脚手架具有良好的经济效益和社会效益，已被高层建筑施工广泛采用。

定义：搭设一定高度并附着于建筑结构上，依靠自身的升降设备和装置，随建筑结构逐层上升或者下降，具有安全防护、防倾覆、防坠落和同步控制等功能的脚手架。

附着升降脚手架简称"升降架"或"整体提升架"，俗称"爬架"。

二、附着升降脚手架的用途

1. 应用领域

附着升降脚手架属于建筑施工作业防护脚手架，主要应用于高层和超高层建筑的结构主体施工、外立面装修等替代传统脚手架的高处作业施工领域。

2. 特点

随着社会经济的发展，建筑物高度越来越高，施工技术进步与安全文明施工要求也越来越高，附着升降脚手架替代传统脚手架进行结构主体、装饰及其他外墙施工，有效解决了人工费高、施工工效低以及脚手架材料质量不稳定等带来的安全隐患问题。此外，同传统脚手架相比，附着升降脚手架还具有结构合理、装拆方便、适应性强、施工效率高、高空作业安全风险低和占用社会资源少等特点。

近年来，随着建筑业特别是高层建筑的发展，尤其是铝模施工工艺的推动，附着升降脚手架和铝模相结合的施工技术，在加快施工进度，降低人工作业强度，提高安全、经济和适用性等综合优势方面，以其显著的优越性，得以迅速发展和广泛的应用。

三、附着升降脚手架的发展

1. 普通脚手架的发展

20 世纪中期，我国以低层建筑居多，普遍采用以竹、木为杆件，用铅丝或扎带绑扎杆件，在作业层上铺设竹、木跳板搭设成脚手架，如图 2-1 所示。

图 2-1　竹、木脚手架

20 世纪 70、80 年代，随着我国多层建筑逐渐增多，小高层建筑开始出现，竹木脚手架已难以满足施工及安全需要，在此背景下先后从国外引进门式脚手架、碗扣式脚手架等多种型式的脚手架。其中，钢管扣件式脚手架（图 2-2）以其加工简便、搬运方便、通用性强等优点，成为较长时期内我国使用量最多、应用最普遍的一种脚手架。

图 2-2　钢管扣件式脚手架

20 世纪 90 年代开始，我国的高层、超高层建筑迅猛发展，钢管扣件式脚手架因其用钢量大、安全性较差、施工工效低、经济性不强、搭设高度受限等弊端，已不能很好地满足高层建筑施工的需要。国内部分企业研发出附着升降脚手架的雏形。

2. **附着升降脚手架发展历程**

1993 年，钢管扣件式附着升降脚手架问世。如图 2-3 所示，其架体主体结构由导轨主框架、水平支承框架、附墙支座、提升设备等组成，用钢管、扣件组装搭设，外侧使用密目网密封，作业层采用竹木跳板铺设。钢管扣件式附着升降脚手架解决了普通脚手架需要满堂搭设、材料用量大、人工耗用大、管理难度大以及安全风险高等问题。

图 2-3　钢管扣件式附着升降脚手架（一代架）

至 2000 年，多种类型的钢管扣件式附着升降脚手架进入研发试用阶段。直至 2010 年，附着升降脚手架得到市场的广泛认可和迅速发展。

钢管扣件式附着升降脚手架又被称为"一代架"。由于其脚手板采用竹、木跳板，外侧用密目网，密封和防火问题仍然存在，部分工程施工中就出现了用冲孔钢网板替代密目网，采用专用连接件安装钢网板的钢管扣件式附着升降脚手架，我们常常又称其为"1.5 代架"或者"半钢架"，如图 2-4 所示。

图 2-4　外挂钢网板的附着升降脚手架（半钢架）

2010 年以来，国内越来越多的地方限制和禁止使用落后淘汰的技术，附着升降脚手架进入技术提升阶段，也就是从钢管扣件式附着升降脚手架升级到全钢附着升降脚手架。

如图 2-5 所示，全钢附着升降脚手架架体构件全部采用全钢定型设计，在工厂标准化预制，现场模块化拼装，智能化升降，以其结构定型、互换性高、安全性能高、布置灵活、安装简捷、易于运输、节能环保、防护和防火性能高、作业人员工作强度小等特点，迅速发展成为附着升降脚手架的主流。

全钢型附着升降脚手架被统称为"二代架"，通常采用油漆、喷塑和镀锌等表面处理方式。

由于建筑施工环境恶劣，钢质材料长期处于室外环境，日晒雨淋，脚手架主体结构存在腐蚀生锈现象，特别是采用油漆或喷塑的架体，其翻新成本偏高，回收利用率低。于是，近年来个别厂家利用铝合金材料密度小、耐腐蚀、易挤压成型、强度高等优点，作为一种新型的结构材料，开始将其应用到全钢附着升降脚手架上，不同程度地替代架体上的钢质部件，形成碳钢与铝合金相结合的附着升降脚手架。

图 2-5　全钢附着升降脚手架（二代架）

四、附着升降脚手架的主要类型与性能参数

1. 主要类型

（1）按竖向主框架结构分类

1）平面桁架式：由立柱、水平杆、斜腹杆组成，各杆件的连接点为焊或螺栓连接，斜腹杆有拉杆式或之字形两种形式；

2）平面刚架式：由立柱、水平杆、斜腹杆组成，采用钢管或型钢制作；

3）空间桁架式：由立柱、水平杆、斜腹杆组成空间六面体结构。

（2）按水平支承结构分类

1）空间桁架式：由立柱、水平杆、斜腹杆组成的六面体空间桁架式结构。桁架各杆件的轴线相交于节点处，节点采用焊接或螺栓连接，高度为 0.6～1.8m。

2）平面刚架式：由型钢组成的平面钢梁，设有横向水平杆，上铺钢板。

（3）按附着形式分类

1）导轨式：附着支承、防倾覆共用导轨的附着支承形式；

2）导座式：附着支承、导向共用导座的附着支承形式；

3）套框式：附着主框架和套框架的附着支承形式。

（4）按防坠落方式分类

1）卡阻式：摆块式、转轮式、顶撑式。

2）夹持式：由受力装置（防坠杆、导轨）、触发装置和夹持楔块构成。

（5）按升降动力形式分类

1）手动式：采用手拉葫芦升降；

2）电动式：采用电动葫芦、电动丝杠提升机升降；

3）液压式：采用液压动力设备升降。

附着升降脚手架提升动力分为手动、电动、液压三种形式。手动升降已经不再使用，使用液压升降情况也较少，应用最为广泛的是采用低速电动葫芦作为附着升降脚手架的动力设备。

（6）按动力装置安装位置分类

1）中心吊式：在机位处的架体内部中心位置设置上吊点，升降设备悬挂于上吊点上，其下端连接钢丝绳，钢丝绳的另一端通过转向滑轮连接到建筑结构的吊挂件上，如图2-6所示。

2）偏心吊式：升降设备安装在建筑结构外侧和架体内侧之间，如图2-7所示。

图2-6　中心吊式　　　　　图2-7　偏心吊式

2. 主要性能参数

附着升降脚手架主要性能参数包括:

（1）架体高度

架体最底层杆件轴线至架体最上层横杆（即护栏）轴线间的距离，不得大于 5 倍楼层高。

（2）架体宽度

架体内、外排立柱轴线之间的水平距离，不得大于 1.2m。

（3）机位跨度

两相邻竖向主框架中心轴线之间的距离。直线布置不得大于 7m，折线或曲线布置相邻两主框架支撑点外侧距离不得大于 5.4m，水平悬挑长度不得大于 2m，并且不得大于跨度的 1/2。

（4）升降设备额定起重量

不应小于 7.5t，架体总高度不超过 2.5 倍楼层时可选用 5t。

（5）作业层允许载荷

两层同时作业每层不应大于 $3kN/m^2$，三层同时作业每层不应大于 $2kN/m^2$。

（6）架体全高与机位跨度的乘积

架体全高与机位跨度的乘积不得大于 $110m^2$。

（7）防坠落制动距离

整体式升降脚手架制动距离不应大于 80mm，单片式升降脚手架不应大于 150mm。

（8）附着支承在建筑结构上连接处的混凝土强度

应按设计要求确定，附墙支座处的混凝土强度不应小于 C15，升降设备提升点处的混凝土强度不应小于 C20。

（9）同步控制系统

在架体升降中控制各机位的荷载或水平高差在设计范围内。当某一机位的荷载变化值超过初始状态的 ±15% 时，声光报警并显示报警机位；当超过 ±30% 时，升降设备自动停机。

第二节 附着升降脚手架的构造与原理

一、附着升降脚手架基本组成与原理

本教材重点介绍目前应用最为广泛的全钢型附着升降脚手架。

1. 基本组成

附着升降脚手架主要由竖向主框架、水平支承桁架、架体构架、附着支承结构、升降机构及升降设备、安全装置、电气控制系统七部分组成，如图 2-8 所示。

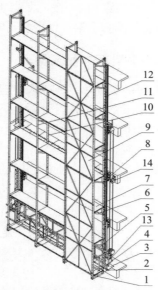

图 2-8 附着升降脚手架组成

1—安装托架；2—翻板连接件；3—翻板；4—底层脚手板；5—水平支承桁架；
6—Z 字撑或三角支架；7—脚手板；8—附墙支座；9—防护网板；
10—内立柱；11—外立柱；12—导轨；13—下吊点；14—上吊点

2. 工作原理

在地面、裙楼面或者钢管脚手架支承基础上搭设一定高度的架体，通过附着支承结构附着在建筑结构上，依靠自身的升降设备升降，实现架体随建筑结构逐层爬升或者下降。

根据建筑结构确定竖向主框架位置，也就是机位位置。通过螺栓将水平支承桁架、架体构架与竖向主框架连接起来，架体外侧安装防护网板。每栋建筑的附着升降脚手架由一定数量的机位分组或者整体搭设而成。

升降时，架体在动力装置驱动下，竖向主框架上的导轨沿附墙支座上升或下降移动，使架体上的作业层到达对应的建筑楼层，作业人员在架体上进行高处施工作业，同时也为建筑施工提供外围安全防护。

由防坠落装置、防倾装置、同步控制装置、外立面防护设施等安全保护装置确保附着升降脚手架在使用和升降工况下安全运行。

二、附着升降脚手架基本安装型式

附着升降脚手架具有单跨式和整体式两种型式。单跨式附着升降脚手架仅有两个提升装置并独自升降；整体式附着升降脚手架有三个以上提升装置并连跨升降。

1. 单跨式附着升降脚手架

单跨式附着升降脚手架指两个机位之间的单跨独自升降的架体结构，即一个独立的架体单元。架体支承跨度较短，一般不超过 6m，且只能直线布置。一般使用在天井结构等狭小的局部位置，如图 2-9 所示。

图 2-9 单跨式附着升降脚手架

2. 整体式附着升降脚手架

整体式附着升降脚手架指 3 个以上机位之间连续形成的连跨升降的架体结构，架体有多榀竖向主框架和多个提升装置。架体能直线布置，也能折线或曲线布置（图 2-10）。

图 2-10　整体式附着升降脚手架

三、附着升降脚手架主要部件结构、性能与作用

1. 架体结构

由竖向主框架、水平支承桁架和架体构架等三部分组成的架体。

2. 架体单元

由每相邻两榀竖向主框架、水平支承桁架、架体构架、附着支承结构、升降机构、防倾覆和防坠落装置、停层卸荷装置、同步控制装置和外立面防护设施组成的单元结构。

3. 附着支承结构

直接附着在建筑结构上，并与竖向主框架相连接，承受并传递脚手架荷载的支承结构，包括附墙支座、悬臂梁及斜拉杆。

4. 竖向主框架

垂直于建筑物外立面，并与导轨连接，主要承受和传递架体的竖向和水平荷载的竖向框架式结构件。由钢管或型钢制作，分为平面桁架、空间桁架、刚架三种结构形式。

竖向主框架是附着升降脚手架架体结构的主要组成部分。

5. 水平支承桁架

设置在竖向主框架的底部，与建筑结构外立面平行，与竖向主框架相连接，主要承受架体竖向荷载，并将竖向荷载传递至竖向主框架的水平支承构件。由钢管或型钢制作，为空间桁架结构或平面刚架结构。

水平支承桁架是附着升降脚手架架体结构的主要组成部分，如图 2-11 所示。

6. 架体构架

安装在相邻两竖向主框架之间，并支承在水平支承桁架上的架体，由型钢构件搭设，或由钢管扣件式脚手架、门式钢管脚手架或承插型盘扣式钢管支架组成。

架体构架是附着升降脚手架架体结构的组成部分，也是施工操作人员的作业场所。

7. 导轨

设置在附着支承结构或竖向主框架上，引导架体上升和下降的轨道。如图 2-12 所示，导轨是构成竖向主框架的主要结构件，不仅是架体升降的导向轨道，而且是架体防倾覆、防坠落和停层卸载的重要承力结构件，承担并传递架体竖向和水平方向荷载。

图 2-11　水平支承桁架示例　　　　图 2-12　导轨示意图

导轨一般由作为下节的基础节和上节的标准节对接组合，以满足不同的架体高度。导轨上节与下节之间采用高强度螺栓、内插芯或外夹板进行连接。

8. 附墙支座

架体与建筑结构的附着支承结构，承受并将架体上的荷载传递到建筑结构上，汇集导向、防倾、防坠和卸载功能于一体。主要由导向轮、防倾覆装置、防坠落装置和停层卸荷装置组成，集成安装于座体上，通过悬臂梁、穿墙螺栓安装在建筑结构上，如图 2-13 所示。

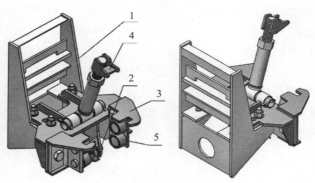

图 2-13　附墙支座示意图

1—座体；2—防坠落装置；3—防倾覆装置；4—停层卸荷装置；5—导向轮

9. 悬臂梁

附墙支座的主要结构件，其一端焊接有附着于建筑结构的附墙板，另一端悬挑，悬挑端承受架体载荷，支承防倾覆、防坠落和停层卸荷装置，由槽钢、工字钢或钢板制作。

10. 上吊点

升降动力设备连接在建筑结构上的悬挂点，也就是升降支座。

11. 下吊点

升降动力设备连接在架体上的起吊点。

12. 停层卸荷装置

设置在附墙支座上，当架体停在某一楼层上时，将架体的全部荷载传递到附墙支座上的承力装置，如图 2-13 所示。俗称的"卸荷顶撑"实质就是一种停层卸荷装置。

13. 防倾覆装置

防止架体在升降和使用过程中发生倾覆的装置，如图 2-13 所示。

14. 防坠落装置

防止架体在提升、下降或使用过程中发生意外坠落时的制动装置，如图 2-13 所示。

15. 升降机构

由附墙支座、上吊点、下吊点和导轨组成，辅助架体升降运行的设施。

16. 升降设备

为架体的升降运行提供动力，有电动和液压两种。

17. 同步控制系统

在架体升降中控制各升降点的升降速度，使各升降点的荷载或高差控制在设计容许范围内，即控制各点相对垂直位移的装置。

同步控制系统由荷载控制单元、总控箱、分机、动力电缆、通信电缆、控制软件和测力传感器等组成。

第三章　附着升降脚手架安全技术要求

第一节　安全装置的安全技术要求

附着升降脚手架必须具有防坠落、防倾覆、停层卸荷和同步控制系统等安全装置，并齐全有效。

一、附墙支座的安全技术要求

（1）单个附墙支座应能承受所在机位的全部荷载。

（2）在导轨所覆盖的每个已建楼层处均应设置一个附墙支座，每个附墙支座均应设置有防倾覆导向及防坠落装置，各装置应独立发挥作用。升降工况有效附墙支座不应少于2个，使用工况有效附墙支座不应少于3个。

（3）防坠装置不得与提升装置设置在同一个附墙支座上。也就是起防坠作用的附墙支座上不得起提升作用，两种作用的支座分开独立安装。

（4）附墙支座的预埋穿墙螺栓孔应垂直于建筑结构外表面，其中心误差应小于15mm。

（5）附墙支座应有适当的前后距离调节功能，以适应建筑施工胀模等引起的离墙间距变化。

（6）附墙支座的穿墙螺栓应采用双螺母或单螺母加弹簧垫圈。如果采用加高件等支座转换件，其连接强度应满足设计要求。

（7）预埋螺栓的选用应满足设计要求，且直径应≥30mm；露出螺母端部的长度应不少于3扣，并不得小于10mm；垫板尺寸不得小于100mm×100mm×10mm。

（8）附墙支座和升降支座应附着在结构梁或剪力墙上，附着的建筑结构厚度不应小于 200mm。

（9）施工单位应确认建筑结构的钢筋配筋和混凝土强度达到设计要求。附墙支座处混凝土强度不应小于 C15，升降支座处混凝土强度不应小于 C20。

特别是，由于提升时架体的荷载全部施加在升降支座上，因此，升降支座处建筑结构的钢筋配筋和混凝土强度均应复核验算。必要时，应对其进行加固处理，防止此处的建筑结构被拉裂破坏。

二、防坠落装置的安全技术要求

（1）防坠落装置应设置在竖向主框架处并附着在建筑结构上，每一升降点不得少于 1 个防坠落装置，防坠落装置在提升、下降或使用工况下都必须起作用。

（2）防坠落装置与升降设备必须分别独立附着在建筑结构上。

（3）防坠落装置必须采用机械式的全自动装置，严禁使用每次升降都需重组的手动装置。

（4）防坠落装置技术性能除应满足承载能力要求外，还应符合表 3-1 的规定。

防坠落装置技术性能　　　　　　　　　表 3-1

脚手架类别	制动距离（mm）
整体式升降脚手架	≤ 80
单片式升降脚手架	≤ 150

（5）防坠落装置有卡阻式和夹持式两种防坠落方式，卡阻式防坠落装置又分摆块式、转轮式和顶撑式卡阻三种。

1）摆块或转轮卡阻式防坠落装置均设置在附墙支座上，与导轨上等距布置的梯格式防坠挡杆配合，防坠挡杆竖向中心间距通常为 100mm。由于每个附墙支座上均独立设置一套摆块或转轮卡阻式防坠落装置，因此，在架体的提升、下降或使用过程中，每一机位处均设置有 2 ～ 3 个防坠落装置。

摆块式防坠装置包括触发摆块和防坠摆块。触发摆块在架体提升和下降过程中在导轨防坠挡杆的带动下进行往复运动。当发生坠落时，触发摆块在防坠装置制动距离内带动防坠摆块卡住导轨，使架体不再下坠，如图 3-1 所示。

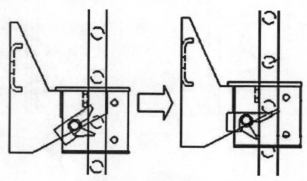

图 3-1 摆块式防坠原理示意图

导轨上防坠挡杆一般采用圆钢或圆管，触发摆块与圆形防坠挡杆的触发存在 1/4 圆弧的迟滞反应时间；防坠摆块与防坠挡杆的接触为线接触，受力面小，冲击较大。

转轮式防坠装置包括承力转轮和触发阻止器。当发生坠落时，触发阻止器卡住承力转轮，使其不再转动，承力转轮以线接触方式卡住导轨防坠挡杆，使架体不再下滑，如图 3-2 所示。

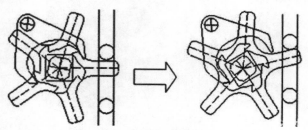

图 3-2 转轮式防坠原理示意图

2）顶撑式防坠器是以停层卸荷装置的顶撑加装复位弹簧使顶撑始终靠向导轨，实现上升和使用过程的顶撑卡阻防坠；架体下降时，提升装置和各卸荷顶撑之间采用串联钢丝绳拉紧，将卸荷顶撑扳离导轨；发生坠落时，串联钢丝绳放松，卸荷顶撑复位，实现卡阻动作，如图 3-3、图 3-4 所示。

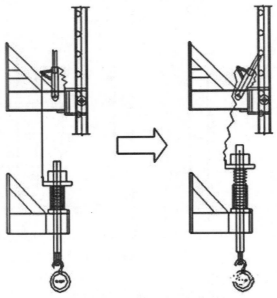

图 3-3　顶撑式防坠原理示意图

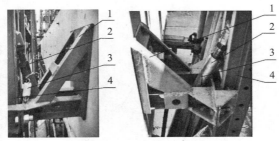

图 3-4　顶撑式防坠示例

1—附墙支座；2—卸荷顶撑；3—复位弹簧；4—导轨

顶撑式防坠器存在以下问题：

① 架体提升和下降转换时，防坠装置需要人工干预。在架体每次下降前要将卸荷顶撑扳离导轨，连接联动钢丝绳，并张

紧、调整，才能进入下降作业状态。

② 防坠制动依赖联动钢丝绳松动触发，如果触发受阻或者不灵活，则影响防坠动作。

③ 当架体提升误操作冒头，需要少量下降时，难以操作。

④ 下降时每一机位处只设置有 1 个防坠落装置。

由于防坠落装置是附着升降脚手架中最根本、最核心、最关键的安全装置，是附着升降脚手架本质安全的重要组成部分，因此，广东省率先在《建筑施工附着升降脚手架安全技术规程》中明确规定"停层卸荷顶撑不能作为防坠落装置使用"。

3）夹持式防坠装置由受力装置（防坠杆或导轨）、触发装置和夹持楔块构成。当发生坠落时，触发装置立即带动夹持楔块，夹持住防坠杆和导轨不再下滑，如图 3-5 所示。

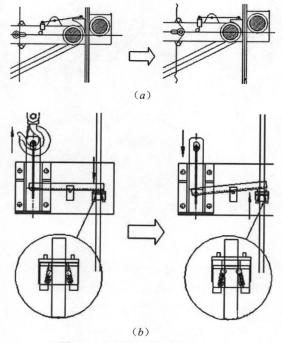

(a)

(b)

图 3-5　夹持式防坠原理示意图

防坠杆应使用 Q235 级钢制作。当导轨固定于附墙支座上时，导轨可兼作防坠杆；防坠杆独立设置时，其规格应满足设计要求。

当采用圆钢式防坠杆时，圆钢不应小于 $\phi 25mm$。防坠杆在产生一次防坠作用或经过一次防坠试验后应废弃，并重新更换。

（6）防坠落装置应具有防尘、防污染措施，并灵敏可靠。

（7）防坠落装置的材料和规格应与评估证书或检验报告相同。

三、防倾覆装置的安全技术要求

（1）导轨与架体的竖向主框架可靠连接成整体，防倾覆装置与导轨相对滑动，环抱导轨以防止架体倾覆。

（2）防倾覆装置每侧应有 2 个防倾导向轮，以及吻合导轨防倾杆件（槽钢或钢管）表面曲线的防倾勾板，以增强防倾覆性能，如图 3-6 所示。

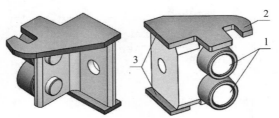

图 3-6　防倾覆装置
1—导向轮（双轮）；2—防倾勾板；3—防偏转卡口

如果防倾覆装置每侧只有 1 个防倾导向轮，则槽钢形导轨的上、下节槽钢对接处翼缘容易变形，甚至有豁口脱轨的风险，如图 3-7 所示。

如图 3-6 所示，防倾导向轮还应设置防止其偏转的措施，比如采用防偏转卡口或者双螺栓连接等方式，避免在导轨升降的过程中，致使防倾导向轮偏转后，导向轮与轨道的间隙变大，如图 3-7（b）所示，甚至可能严重偏转而脱出轨道。

（3）防倾导向轮应与附墙支座可靠连接，防倾导向轮应固定可靠、转动灵活，防倾导向轮与导轨之间的间隙应小于 5mm。

（a）　　　　　　　　　（b）

图 3-7　单防倾导向轮

（4）在升降工况下，最上和最下两个防倾覆装置之间的最小间距不应小于一个标准层层高，且不得小于 2.8m 或架体高度的 1/4。

（5）在使用工况下，最上和最下两个防倾覆装置之间的最小间距不应小于两个标准层层高，且不得小于 5.6m 或架体高度的 1/2。

四、停层卸荷装置的安全技术要求

（1）停层卸荷装置应设置在附墙支座上，必须是定型化装置，具有高低调节功能。

（2）每个竖向主框架处停层卸荷装置不得少于 2 道，且应满足承载力要求。

（3）严禁采用钢管脚手架扣件或钢丝绳作为停层卸荷装置使用。

（4）如果采用卸荷顶撑作为停层卸荷装置，其轴线与水平面的夹角不应小于 70°；可能产生较大的水平分力时，应通过设计计算并采取相应的技术措施。

（5）停层卸荷装置不能直接作为防坠落装置使用。架体上升和使用时，必须确保复位弹簧将其始终拉向导轨；架体每次下降前要将卸荷顶撑扳离导轨，连接联动钢丝绳，并张紧、调整好，才能进行下降作业。

（6）停层卸荷装置的材料和规格应与评估证书或检验报告一致。

五、同步控制系统的安全技术要求

（1）同步控制系统应符合现行行业标准《施工现场临时用电安全技术规范》JGJ 46 的规定。

（2）多机位同时升降采用限制荷载自控系统，只有两个机位同时升降的可采用限制水平高差自控系统。

（3）限制荷载控制系统应具有下列功能：

1）应具有荷载自动监测和超载、失载、报警和自动停机的功能，以及储存和记忆显示功能；

2）在升降中，相邻两机位的荷载变化值超过初始状态的 $\pm15\%$ 时，应具有声光自动报警并显示报警机位；当超过 $\pm30\%$ 时，应具有全部机位自动停机功能；

3）应具有自身故障报警功能，并适应施工现场环境；

4）性能应可靠、稳定，控制精度应在 5% 以内。

（4）水平高差同步控制系统应具有下列功能：

1）应具有各提升点的实际提升高度自动监测功能，以及储存和记忆显示功能；

2）当相邻两机位高差达到 30mm 时，应能自动停机；

3）应同时具备荷载控制功能。

（5）分机和荷载检测单元应能实时采集各机位的荷载数据，并能通过通信电缆传送至总控制柜或者上位机，显示机位编号，能记录和显示机位信息。

（6）总控制柜或上位机应能对各机位实时显示和记录机位的荷载值、故障信息和运行状态，对数据实时分析处理，发出控制指令，自动控制各机位的运行状态；应有急停、单机手动和多机手动控制功能。

（7）升降控制系统的遥控装置的遥控距离不应低于 80m。

（8）控制箱门应安装锁具，线缆采用绝缘管保护，并绑扎、卡牢固定。

（9）同步控制系统的安装应由专业持证电工操作。当用分控功能调整电动葫芦的环链松紧度时，应由专人负责操作，不应使用正、反机械开关。

第二节　安装作业安全技术要求

附着升降脚手架安装应按《专项施工方案》和《使用说明书》的规定进行施工作业。在安装过程中，如出现现场实际情况与《专项施工方案》不符的，需进行变更时，应按照规定程序重新审批。

一、底层架体安装的安全技术要求

（1）在首层脚手板安装前应设置架体的支承基础。支承基础的水平度和承载能力应满足架体安装的要求，同时支承基础还应有保障安装作业人员安全施工的防护设施。

（2）当采用钢管脚手架作为支承基础架时，支承基础架首先应加固处理，并在结构标准层楼面上高度 1.2 ～ 1.5m 位置找平。找平面水平高差不大于20mm，内侧钢管离结构边不大于200mm，外侧钢管离结构边不大于 1500mm，外侧搭设高于找平面1.5m 的单排防护架，如图3-8 所示。

图3-8　支承基础架

（3）架体底部脚手板应与支承基础架采用扣件、安装托架等方式可靠连接，防止架体倾覆，如图3-9所示。

图3-9　安装托架示例
1—安装托架；2—扣件；3—支承基础架；4—底部脚手板

（4）在安装作业区域设置安全警戒线，并派专人值守。

二、竖向主框架安装的安全技术要求

（1）竖向主框架的安装位置应符合专项施工方案中机位布置图要求。若实际安装位置发生变化，应按规定程序办理专项施工方案变更报审手续。

（2）竖向主框架高度与架体高度相等，并在与墙面垂直的结构位置安装附墙支座。竖向主框架应是桁架或刚架结构，其杆件节点采用焊接或螺栓连接。竖向主框架与水平支撑桁架和架体构架构成有足够强度和支撑刚度的空间几何不变体系的稳定结构。

（3）相邻竖向主框架的高差不应大于20mm，竖向主框架和附墙支座上防倾导向装置的垂直偏差不应大于5‰，且不得大于60mm。

（4）竖向主框架的内侧安装导轨。随着架体安装的逐步增高，在对接上、下节导轨时，导轨后端的内立柱对接处应采用内插芯或外夹板加强，导轨前端的槽钢或钢管端部采用连接板（杆）对接，如图3-10所示，并采用不少于两根高强度螺栓连接。

图 3-10　品字形导轨与连接

1—上节；2—下节；3—后端内立柱；4—前端槽钢；5—连接板；6—高强度螺栓

（5）对接导轨时，应使导轨端部连接板（杆）贴合平直，前端的槽钢或钢管相互错位形成的阶差应小于 2mm，后端的立柱对接处错位阶差应不大于 3mm，校正导轨各杆件的直线度不大于 1/250，并紧固竖向主框架连接螺栓。

（6）导轨端部连接板（杆）应采用高强度螺栓连接，其规格不小于 M14，强度等级不小于 8.8 级，拧紧力矩不小于 150N·m；螺母宜安装在螺栓上部；紧固后螺栓头部应露出 2～4 个螺距。

（7）导轨高度不得低于架体顶层脚手板的高度，并且在每个已建楼层边沿设置临时拉结点，将架体导轨、内立柱与结构进行拉结加固。

三、水平支承桁架安装的安全技术要求

（1）在架体底部第 1 步或第 2 步安装水平支承桁架，内、外侧水平支承桁架平行于墙面且连续设置。

（2）水平桁架各杆件的轴线应相交于节点上，其节点板的厚度不得小于 6mm，其高度不宜小于 0.8m；桁架上、下弦应采用整根通长杆件或设置刚性接头；腹杆与上、下弦连接采用焊接或螺栓连接。

（3）水平支承桁架与竖向主框架连接处的斜腹杆应为拉杆，可采用杆件轴线交汇于一点；或可将水平支承桁架安装在竖向主框架底部的桁架底框中。

（4）平面刚架结构的水平支承桁架片与片之间采用螺栓对接或者搭接，上、下弦杆连接处采用夹板加固；转角处水平支承桁架须贯通连接，并与转角立柱连接。

（5）当水平支承桁架遇到塔式起重机附着、施工电梯、卸料平台需断开时，则应在断口处的上一层设置水平桁架。

四、架体构架安装的安全技术要求

（1）根据专项施工方案的机位布置图，在两竖向主框架之间安装架体构架。

（2）架体高度不得大于 5 倍楼层高。

（3）架体定型脚手板净宽度不应小于 0.6m，不得大于 1.2m；板面防滑，厚度不得小于 2mm，翘曲不得大于 10mm。

（4）架体步距与立柱纵距均不应大于 2m，内、外立柱成对对称布置。

（5）直线布置的架体支承跨度不得大于 7m；折线或曲线布置的架体，相邻两竖向主框架支撑点处的架体外侧距离不得大于 5.4m。

（6）架体的水平悬挑长度不得大于 2m，且不得大于跨度的 1/2。

（7）架体全高与支承跨度的乘积不得大于 $110m^2$，且不大于检验报告所载最大值。

（8）架体悬臂高度不得大于架体高度的 2/5 且不得大于 6m；架体顶部防护高出作业层的高度不应小于 1.5m。

（9）架体在附墙支座的连接处，提升机构、防坠、防倾装置和吊拉点的设置处，架体平面的转角处，因塔式起重机附着杆、施工电梯、卸料平台等设施而断开或开洞处等部位应采取可靠的加固措施。

（10）架体构架至少设置包括最底层在内的 2 层全封闭脚手板，即脚手板满铺设置，与建筑物墙面之间设置可翻转的翻板进行全封闭。

（11）架体外立面应采用螺栓或者销套组合方式安装框式防

护网板封闭。其网框方管不小于 20mm×20mm×1.0mm，冲孔钢网片的厚度不应小于 0.7mm，孔径不得大于 6mm；网片和网框用自攻螺钉铆固，间距不应大于 300mm。

（12）防护网板与立柱的连接不得少于 4 处，防护网板与脚手板之间不得留有缝隙，上、下防护网板之间应有防外倾措施。

五、升降机构安装的安全技术要求

（1）安装升降设备的建筑结构应安全可靠，升降设备与建筑结构和架体均可靠连接。

（2）每个竖向主框架处设置升降设备，升降设备应采用电动或液压设备。

（3）当采用电动升降设备时，宜选用低速环链电动葫芦、油润滑式提升机或电动丝杠提升机，其连续升降距离应大于 1 个楼层高度，最大升降速度应不大于 0.12m/min。

（4）电动葫芦应具有制动和定位功能。在额定荷载下，应满足制动下滑量 $S \leqslant V/100$（V 为 1min 内载荷稳定提升的距离，mm），且不应大于 2mm。

（5）电动葫芦所用电动机应选用 S2 或 S1 工作制，负载持续时间不宜小于 30 ～ 60min，或全时制。

（6）起重链条、吊钩的构造、质量及精度应符合有关标准规定。吊钩表面应光洁，不应有折叠、过烧及降低强度的局部缺陷，不得有表面和内部裂纹，吊钩缺陷不允许焊补，且应有闭锁装置。

（7）电动葫芦吊钩与吊点之间采用轴销传感器连接时，轴销传感器的强度不得小于原连接轴的强度。

（8）上、下吊点应在同一铅垂线上，其水平投影偏差不应大于 150mm，链条与铅垂线夹角不应大于 10°。提升时，上、下吊钩距离不应小于 1m；下降时，双链的尾链长度应大于 200mm。

（9）电动葫芦悬挂后，应保证能 360°自由旋转；上、下吊钩应与刚性吊环或传感器连接。

（10）当升降设备采用电动丝杠提升机时，丝杠应为通长整根圆钢，不应接长使用；丝杠直径不宜小于 ϕ 40mm，其提升力不应小于 150kN。

（11）当采用液压升降设备时，应选用穿心式液压千斤顶。其穿心杆应采用 ϕ 40mm 的圆钢制作，并加工成竹节形，提升力不应小于 100kN。液压油路选用高压油管。千斤顶内部应设置两套机械锁紧机构，发生油路破裂、停电等情况时，锁紧装置应自动锁紧。

（12）升降设备应有防雨、防砸、防尘等措施。

第三节　升降工况安全技术要求

一、安装后首次提升检查验收

（1）确保建筑物上没有伸入架体内的障碍物。如果有钢管、模板等物体伸入架体内，则架体升降时势必会阻碍架体的正常运行，对架体构成极其严重的安全隐患，一定得彻底清除。

（2）确保架体上没有建筑材料堆积，处于空载状态；架体上没有机具等浮物，建渣已清理干净。

（3）施工单位已经在架体下方的地面或裙楼上 15 ~ 20m 范围内设置好安全警戒区域，并配备专人警戒守护，严禁人员进入警戒区域，如图 3-11 所示。

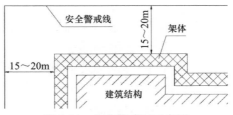

图 3-11　安全警戒区示意图

（4）首次提升前，对照专项施工方案进行复核检查，按表4-3

"附着升降脚手架首次安装完毕及使用前检查验收表"的规定进行检查，经检查合格后，方可进行提升。

（5）监理单位、施工单位、租赁单位、安拆单位共同检查验收。

二、每次提升或下降检查验收

（1）确保建筑物上没有伸入架体内的障碍物。如果有钢管、模板等物体伸入架体内，则架体升降时势必会阻碍架体的正常运行，对架体构成极其严重的安全隐患，一定得彻底清除。

（2）确保架体上没有建筑材料堆积，处于空载状态；架体上没有机具等浮物，建渣已清理干净。

（3）施工单位已经在架体下方的地面或裙楼上 15 ~ 20m 范围内设置好安全警戒区域，如图 3-11 所示，并配备专人警戒守护，严禁人员进入警戒区域。

（4）附着升降脚手架在首次提升之后的每次提升、下降作业前应按表 5-1"附着升降脚手架提升、下降作业前检查验收表"的规定进行检验，合格后方能实施提升或下降作业。

（5）监理单位、施工单位、租赁单位、安拆单位共同检查验收。

第四节　使用工况安全技术要求

（1）附着升降脚手架应按设计性能指标进行使用，不得随意扩大使用范围；架体上的施工荷载应符合设计规定，不得超载，不得放置影响架体局部安全的集中荷载。

（2）施工单位应对架体内的混凝土、建筑垃圾和杂物等清理干净。

（3）附着升降脚手架在使用过程中不得进行下列作业：

1）利用架体吊运物料；

2）在架体上拉结吊装缆绳（或缆索）；

3）在架体上推车；

4）任意拆除结构件或松动连接件；

5）拆除或移动架体上的安全防护设施；

6）利用架体支撑模板或卸料平台；

7）其他影响架体安全的作业。

（4）当附着升降脚手架停用超过三个月时，应提前采取加固措施。

（5）当附着升降脚手架停用超过一个月或遇六级及以上大风后复工时，应进行检查，确认合格后方可使用。

（6）螺栓连接件、升降设备、防倾导向装置、防坠落装置、同步控制装置等应每月进行维护保养。

第五节　安拆作业的安全技术规定

一、安装拆除的安全技术措施

（1）安装前应根据专项施工方案机位布置图，对照现场建筑结构进行放线，确定机位的正确位置。在安装过程中，如出现施工现场与专项施工方案不符，需要进行方案变更时，应按照程序重新进行审核与报批。

（2）检查支承基础，应按设计要求进行处理，对于不符合安装要求的及时整改，符合安装要求后方可进行安装。

（3）在安装前检查各构件有无裂纹或开焊现象，应及时维修或更换，防止把不符合要求的构件安装在架体上。

（4）各零部件、构件之间的连接螺栓及销轴均应保持对正，不得随意割孔安装，更不得使用直径较小螺栓代替。

（5）在管材构件连接时，应采用厚垫片，避免螺栓孔凹陷。

（6）螺栓应按规定力矩拧紧；对有预应力要求的连接螺栓，应使用扭力扳手或专用工具；对螺栓组，应按规定的顺序将螺栓准确地紧固到规定的扭矩值。

（7）电动葫芦、电控系统等应分别采用同一厂家、相同型号和相同生产批次的产品，以保证架体升降的同步，减少升降动力系统对架体造成不均衡不同步的影响。

（8）卸料平台使用时，确保与升降架架体完全脱离，荷载传力到建筑结构上；升降时卸料平台可附着在架体上升降。

（9）电控系统的安装必须由持证电工进行操作。电源接线的接地、接零及漏电保护需灵敏可靠，且符合相关规范要求。

二、安装拆除的安全操作规程

（1）安装拆卸作业人员经过培训合格，方可进行安拆作业。严禁未经过培训和安全技术交底的人员实施安装、拆卸和升降作业。

（2）安装拆卸作业人员应戴安全帽、使用安全带、穿防滑鞋。

（3）酒后、过度疲劳、服用不适应高处作业药物或情绪异常者不得参与安装拆卸作业。

（4）作业前，场地应清理干净，清除障碍物，并用标志杆或警戒线进行隔离，禁止非作业人员进入安装拆卸现场，防止上方坠物伤人。

（5）架体下的施工安全通道上应加设安全防护层，架体下严禁站人和作业，无关人员不得停留在架体上。

（6）当遇到五级及以上大风和大雨、大雪、浓雾和雷雨等恶劣天气时不得进行安装、拆卸作业。严禁夜间进行安装、拆卸作业。

（7）在安装拆卸过程中，架体上的作业人员、零部件和工具物料的总重量不得超过规范规定的荷载。

（8）零部件、工具和物料应均匀、稳定放置在脚手板上，不得放置在翻板和翻板连接件上，也不得靠压防护网板。不得堆放零部构件及材料进行升降。

（9）安装拆卸作业人员需要配备工具袋，注意管控好小型工具，使用完毕随手放入工具袋，防止掉落。

（10）在安装、拆卸过程中，对小件物品如螺栓、销轴等，要有专用收纳器具，不得随意放置在架体上，防止高空坠落伤人。

（11）应有可靠的防止人员或物料坠落的措施，不得以投掷的方式传递工具或器材，禁止在高空抛掷任何物件。

（12）避免附着升降脚手架安装、拆卸作业时与其他工种的立体交叉作业。

（13）安装作业时，作业人员应与建筑边缘保持安全距离；在狭小场地作业时，作业人员和设备均应采取有效的防坠落措施。

（14）利用塔式起重机、卷扬机等起重设备进行安装拆卸时，必须符合起重设备安全技术规程要求，不允许超载。

（15）在发生故障或危及安全的情况时，应立即停止作业，采取必要的安全防护措施，设置警示标志，并报告技术负责人。在故障或险情未排除之前，不得继续作业。

（16）作业人员在下班离岗前，应对作业现场采取必要的保护措施，并设置明显的警示标志。

（17）遇到意外情况立即停止继续作业时，对已安装的部件进行固定，确认安全后方能撤离。

（18）安装完毕后，应及时拆除为安装作业而设置的所有临时设施，清理施工场地上作业时使用的索具、工具、辅助用具、各种零配件和杂物等。

（19）拆卸作业前，应对架体拆除环境进行检查和处理，确保架体上材料、建渣已清理干净，安全警戒已按要求设置。

（20）对连接螺栓、附墙件、安全装置进行检查，在确保安全的情况下进行拆卸作业。

第四章 附着升降脚手架的安装与拆除

第一节 安装准备工作

一、编制专项施工方案

1. 编制依据

依据住房和城乡建设部令第 37 号《危险性较大的分部分项工程安全管理规定》第十条，施工单位应当在危险性较大分部分项工程施工前组织工程技术人员编制专项施工方案。

在住房和城乡建设部办公厅关于实施《关于进一步加强〈危险性较大的分部分项工程安全管理规定〉有关问题的通知》（建办质〔2018〕31 号）文件明确规定的危险性较大的分部分项工程的范围中，附着升降脚手架属于危险性较大的分部分项工程。据此，附着升降脚手架在施工前，应编制专项施工方案。

2. 编制与修改程序

实行施工总承包的，专项施工方案应当由施工单位组织编制，由施工单位技术负责人审核签字、加盖单位公章。

附着升降脚手架工程实行分包的，专项施工方案可以由相关专业分包单位组织编制，由总承包单位技术负责人及分包单位技术负责人共同审核签字并加盖单位公章。

然后，专项施工方案报总监理工程师审查签字、加盖执业印章后方可实施。

施工单位应当严格按照专项施工方案组织施工，不得擅自修改专项施工方案。

因规划调整、设计变更等原因确需调整的，修改后的专项施工方案应当按照规定程序重新审核和论证。

3. 编制内容

（1）工程概况

工程概况内容包括：

1）工程名称、工程地址、建设单位、设计单位、施工单位、监理单位、专业分包单位。

2）工程的建筑总平面布置图，各楼栋号总高度，建筑层高，有无奇偶层，楼栋立面图，标准层结施梁、板配筋图。

3）按照附着升降脚手架分包合同约定的施工内容是否为上升和下降全过程或者只上升不下降。

4）技术保证条件：架体的厂家品牌、规格型号、主要结构组成、主要技术参数、产品使用说明书，相关技术管理、技术组织、重要技术措施等。

（2）编制依据

包括：相关法律、法规、规范性文件、标准、规程及施工图设计文件；与附着升降脚手架安装相关的建筑、结构施工图纸，工程项目施工组织设计等。

主要应包括：

《建设工程安全生产管理条例》（国务院令 393 号）；

《关于进一步加强〈危险性较大的分部分项工程安全管理规定〉有关问题的通知》（建办质〔2018〕31 号）；

《危险性较大的分部分项工程安全管理规定》（住房和城乡建设部令第 37 号）；

《建筑施工企业责任人及项目负责人施工现场带班暂行办法》（建质〔2011〕111 号）；

《冷弯薄壁型钢结构技术规范》GB 50018—2002；

《钢结构工程施工质量验收标准》GB 50205—2020；

《钢结构设计标准》GB 50017—2017；

《建筑结构荷载规范》GB 50009—2012；

《碳素结构钢》GB/T 700—2006；

《建筑施工安全检查标准》JGJ 59—2011；

《建筑施工工具式脚手架安全技术规范》JGJ 202—2010；

《建筑施工升降设备设施检验标准》JGJ 305—2013；

《建筑施工扣件式钢管脚手架安全技术规范》JGJ 130—2011；

《建筑施工用附着式升降作业安全防护平台》JG/T 546—2019；

《施工现场临时用电安全技术规范》JGJ 46—2005；

《建筑施工高处作业安全技术规范》JGJ 80—2016；

《建筑施工脚手架安全技术统一标准》GB 51210—2016；

《建筑施工易发事故防治安全标准》JGJ/T 429—2018。

附着升降脚手架产品说明书、产品安全技术操作规程，相关建筑、结构施工图等。

（3）机位布置设计方案

包括：各楼栋号机位布置数量、编号、机位间距离、安装位置、起始安装楼层、提升覆盖楼层、拆除楼层、架体搭设高度、架体周长、非标准机位数量、总控箱与分机安装位置等。

（4）施工作业计划

包括：各楼栋号安装与拆卸进度计划（横道图）、材料设备进场计划、供配电计划、劳动组织人员计划（含专职安全生产管理人员、安装与拆卸作业人员和其他配套施工人员的配备）。

（5）施工工艺技术

施工工艺技术包括：

1）工艺技术参数：最大直线机位间距、最大折线或曲线机位间距、立柱间距、架体步距、离墙间距、防护翻板设置、附墙支座非标安装结构（附着节点大样图）。

2）施工工艺流程：架体安装、提升、下降和拆除流程。

3）附墙支座处的预留预埋：不同附着点处的预留预埋以及其所需的加固方式。

4）施工方法：安装、提升、下降、维护、保养以及拆除各阶段的操作步骤及检查要求；若使用塔式起重机辅助安装、拆除，应说明塔式起重机相关性能参数、覆盖范围、有效工作幅度及起重量、安装位置图及架体重量。

5）相关装置、设施的技术要求。

6）特殊结构部位的针对性技术处理措施：

①塔式起重机附着杆、施工电梯等设备与架体的交叉处；

②架体分组断片处；

③结构平面变化较大位置，如：内凹外凸、异型处等；

④非标准架体宽处；

⑤架体开口处；

⑥奇偶层位置；

⑦层高变化等结构变化处，如：转换层、架空层等；

⑧结构受力部位，如：挑阳台边梁、装饰梁、剪力墙等；

⑨与土建施工配合要求，如:预留预埋要求，与塔式起重机、施工电梯、穿插施工、混凝土强度等配合要求等。

（6）施工安全保证措施

包括：管理机构体系、岗位设置等组织保障措施；安装、拆除安全措施；高处作业安全措施；防雷、防火、防触电、防异常天气技术措施；季节性施工安全技术要求；临时用电措施；文明施工措施；维护保养措施；监测监控安全技术措施等。

（7）施工安全注意事项

包括：劳动保护用品使用规定、人员安全防护注意事项、安全警戒措施、恶劣气候条件处置措施、作业安全操作规程等。

（8）施工管理及作业人员配备和分工

包括：施工管理人员、专职安全生产管理人员、特种作业人员、其他作业人员等施工人员配置，岗位责任制、施工准备工作、安全技术交底培训等。

（9）验收要求

包括：验收标准、验收程序、验收人员和验收内容等各种自检与检查验收表。

（10）应急处置措施与安全事故救援预案

包括：各类紧急情况出现或事故发生时（例如：人员坠落、

物体打击、触电、骨折、出血过多、休克，以及现场火灾等）的具体应急救援措施及预案；应急救援组织机构及各成员的分工、职责与通信方式等应急救援准备方面；按照危险源辨识（分类）制定物资、内外应急体系的交通、线路和相关注意事项等应急响应方面。

（11）计算书

包括：根据实际工况选取最不利的荷载组合计算，包括架体构件和结构强度、连接强度及稳定性计算，还需考虑构件变形验算。附着升降脚手架关键零部件、加高件、连接件及转换加长连接件等均应计算复核。

同时，根据附着升降脚手架底部与基础支承架的安装连接方式，计算架体对基础支承架施加的最大作用力和稳定性。向总包、设计等相关单位提供挑阳台边梁、装饰梁等建筑结构相对薄弱处的架体荷载值，由相关单位负责进行建筑结构的校核。

进行用电负荷、选型计算。

（12）相关施工图纸

相关施工图纸包括：

1）以标准层结构原图设计机位平面布置图，包含建筑物的纵、横轴线，机位间距（含直线、折线或曲线距离标注）、机位编号、加高件平面图、分组处位置标注等；

2）架体立面图，包含标准附墙支座、非标准附墙支座的全架高立面；

3）架体升降前后状态图、特殊部位或特殊措施安装构造大样图；

4）加高件附着大样图；

5）针对不同位置结构，采取的具体附着情况：安装平面图、立面图，不同尺寸加长、加高件机位，架体全高安装示意图及其他相关图等；

6）产品防坠器原理图。

（13）相关资格文件

相关资料文件包括：

1）安装单位资质证书；

2）企业法人营业执照；

3）安全生产许可证；

4）附着升降脚手架产品检验报告：

5）附着升降脚手架科技成果评估证书；

6）产品或企业在主管部门的备案手续；

7）专业技术人员、专职安全员及特种作业人员证书；

8）设备与材料合格证明。

二、安装人员的基本要求

1. 对安装队伍的基本要求

（1）安装作业队伍必须符合相应的规定。

（2）安装作业队伍必须明确安全技术负责人，进行统一指挥。

（3）在安装作业前，必须全员进行书面安全技术交底，使每个作业人员确认熟悉安装施工方案，掌握安全操作规程。

2. 对安装作业人员的基本要求

（1）必须年满 18 周岁，具有初中（含）以上文化程度。

（2）必须身体健康，无不适合高处作业的心脏病、高血压、恐高症、癫痫等疾病。

（3）必须经过专业安全技术培训，经考核合格并取得"培训合格证"后方能上岗作业。

（4）必须熟悉升降架的主要结构、性能和特点，具备熟练的操作技能和排除一般故障的能力。

（5）施工时必须佩戴必备的安全防护用品，如安全帽、安全带、紧身衣、防滑鞋等，并且严禁酒后或过度疲劳状态上岗。

（6）应在指定的岗位上工作，不得擅自离开或随意调换岗位。若因工作需要，中途调换人员，应做好充分地交接和交底培训工作。

（7）在安装期间，架体搭设安装人员数量一般应配置 10～15 人／栋，以保证土建主体施工进度的同步防护要求。

三、安全技术交底

1. 安全技术交底的依据

根据《建设工程安全生产管理条例》（中华人民共和国国务院令第 393 号）第二十七条规定，建设工程施工前，施工单位负责项目管理的技术人员应当对有关安全施工的技术要求向施工作业班组、作业人员作出详细说明，并由双方签字确认。

《危险性较大的分部分项工程安全管理规定》（住房和城乡建设部令第 37 号）第十五条规定，专项施工方案实施前，编制人员或者项目技术负责人应当向施工现场管理人员进行方案交底。

2. 安全技术交底的对象及方式

附着升降脚手架在安装施工前，应由安装单位项目技术负责人依据专项施工方案、工程实际情况、特点和危险因素，编写安全技术交底书面文件，并向参与安装施工的班组和所有人员进行详细的安全技术交底。应使安装作业人员熟知专项施工方案，明确安装程序、安装要点与方法、安全操作规程及安全保障措施等。安全技术交底完毕后，所有参加交底的人员应履行签字手续，并归档保存。

3. 安全技术交底的主要内容

（1）施工现场需要遵守的规章制度、施工安全、文明施工和劳动纪律；

（2）安全防护用品的配备及使用要求；

（3）本次安装工程项目的特点与注意事项；

（4）本次安装工程的周边环境及危险源，及针对危险部位采取的具体防范措施；

（5）本次安装拆卸施工工艺流程和具体施工方案的内容；

（6）本次安装拆卸施工作业的技术要点；

（7）安装拆卸作业的安全操作规程和规范；

（8）安全防护措施的正确使用与操作；

（9）附着升降脚手架的安全使用规定和安全注意事项；

（10）发现事故隐患应采取的应对措施；

（11）施工作业发生紧急情况时的应急处理措施与救援预案；

（12）发生事故后应及时采取的紧急避险、自救方法、紧急疏散和急救措施；

（13）其他安全技术事项。

四、现场施工条件准备

1. 场地条件准备

在附着升降脚手架进入施工现场安装前，应查验现场施工条件，并确认以下内容：

（1）查验运输车辆进出场路线与卸料场地的容量和安全性。

（2）查验安装基础支承架，确认基础承载力、找平、搭设安装空间等，应符合专项施工方案的规定。

（3）查验建筑结构与原图纸有无差异，机位布置是否做出调整。

（4）查验现场供配电应符合现行行业标准《施工现场临时用电安全技术规范》JGJ 46 的规定。

（5）在有高压输电线的场合，查验架体与输电线的安全距离应符合表 4-1 规定。如因条件限制，不能达到规定的安全距离时，应与供电部门协商，采取增设屏障或防护架等安全防护措施，并悬挂醒目的警告标志牌后，方可实施安装作业。

架体与高压输电线的安全距离　　　　表 4-1

电压（kV）	＜1	1～15	20～40	60～110	220
安全距离（m）	1.0	1.5	2.0	4.0	6.0

人行通道严禁搭设在有高压输电线路的一侧。

（6）查验架体安装位置与塔式起重机附着、施工升降机、卸料平台等其他设施之间的距离。

（7）查验安装作业的安全警戒区域设置和警戒人员配备。

2. 机具准备

（1）做好安全帽、安全带、安全绳等劳动安全防护用品的检查与配备。

（2）做好安装工具、材料的准备，如电动扳手、撬棒、钢卷尺、通信对讲机等，并确认其完好。

（3）准备临时拉接的钢管、扣件以及垫块、木方等安装作业辅助物料。

第二节　进场查验

根据《建设工程安全生产管理条例》的规定，未经进场查验或者查验不合格的产品，严禁在施工现场安装使用。因此，对附着升降脚手架实施进场查验是十分重要的。

一、进场查验的基本方法

1. 进场查验的组织工作

在附着升降脚手架进入现场后，施工单位组织技术、安全、材料等方面的人员会同监理单位进行查验。

查验的内容主要有：生产厂商的相关资格文件、进场产品的出厂合格证书、构配件清单、专项施工方案及其论证备案手续等；并派专人负责管理，建立进场验收资料档案。

2. 进场查验的基本工具

主要是钢卷尺、钢板尺、游标卡尺、直角尺、磁力线坠和万用表等。

二、进场查验的主要内容

1. 相关资料查验

主要应查验：

（1）附着升降脚手架产权单位、安装单位的资格证书，包括营业执照、资质证书、安全生产许可证等；

（2）产品检验报告、评估证书、出厂前自检记录、出厂合格证；

（3）防坠落装置检验报告、出厂前自检记录；

（4）操作人员及管理人员培训合格证书等。

2. 安全装置查验

主要应查验：

（1）防坠落安全装置

1）每个附墙支座均应设置一套独立的防坠落装置，必须采用机械式的全自动复位装置，严禁使用手动复位装置。

2）防坠落装置分别在提升、下降和使用工况下都应起作用，制动距离应≤80mm。

应在模拟实验装置（图4-1）上进行单机位防坠落现场检验，以验证防坠落装置在上升、下降和使用工况下防坠落的真实性和可靠性。

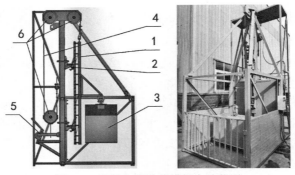

图4-1 单机位防坠落模拟实验装置

1—导轨；2—附墙支座；3—配重；4—升降钢丝绳；5—脱钩器；6—转向滑轮

3）防坠落装置应醒目标示，并具有防尘防污染措施，灵敏可靠、运转自如。

（2）防倾覆装置

主要应查验：

1）防倾装置每侧有2个防倾导向轮和防倾勾板；

2）防倾导向轮与导轨之间的间隙小于5mm；

3）防倾导向轮与附墙支座可靠连接，有防扭转措施；

4）防倾导向轮应浸注润滑油，转动灵活。

（3）停层卸荷装置

主要应查验：

1）每个附墙支座均设置独立的定型化的停层装置；

2）停层卸荷装置具有高低调节功能，且不能作为防坠落装置使用。

（4）同步控制装置

主要应查验：

1）同步控制装置具有自动检测、报警、自动停机功能，并具有储存和记忆显示功能；

2）具有自身故障报警功能，并能适应施工现场环境。

3. 物资配套查验

主要应查验：

（1）检查和清点待装零部件，以及安装作业工具、机具和安全防护用具，确保同步配套到位；

（2）检查所有待装零部件，并确认无裂纹、脱焊和明显弯曲、扭曲变形；对严重锈蚀、磨损、变形的构件提前更换；

（3）将合格待安装的零部件吊运或搬运到相应的安装位置。

4. 其他项目查验

其他项目查验按表4-2进行。

其他查验项目查验表　　　　　　　　　　　　表 4-2

序号	查验项目		查验标准
1	标识标志		标识、标志应齐全，其规格、基本参数、荷载要求等应明确
2	主要 结构件	焊缝质量	结构件焊缝应饱满、平整，不应有漏焊、裂缝、弧坑、气孔、夹渣、烧穿、咬肉及未焊透等缺陷；焊渣、灰渣应清除干净
3		紧固件	紧固件无变形，连接螺栓可靠

序号	查验项目		查验标准
4	主要结构件	铸件质量	铸件表面应光洁平整，不应有砂眼、包砂、气孔，冒口、飞边毛刺应打磨平整
5	动力装置	电缆线	无破损、压折等现象
6		电器元件	无磕伤或损坏，动作灵敏可靠，符合相关标准规范要求
7		密封性	传动系统不应出现滴油现象（15min 内有油珠滴落为滴油）
8		运行状况	无异响，润滑到位
9	外观质量	涂漆及镀锌质量	涂漆件应干透、不粘手、附着力强、富有弹性；不应有皱皮、脱皮、漏漆、流痕、气泡；镀锌件的镀锌层应表面连续，无漏镀、露铁，不应有流挂、滴瘤或熔渣存在
10		几何形状	连接件和结构件无明显变形
11	安全防护装置	网框	无明显弯曲变形，焊接牢固，无脱焊
		防护网	无破损，无明显弯曲变形
		连接件	插销管齐全，焊接或螺栓连接牢固

第三节　安装施工工艺

一、支承基础的处理

附着升降脚手架安装之前，应按照专项施工方案要求对底层脚手板安装位置处的支承基础进行处理。根据不同的施工现场条件，因地制宜地选择最为经济合理的基础处理方式。

1. 对于混凝土地面支承基础

当架体在混凝土地面或者裙楼面上安装时，基本上不需要进行处理，或者只需要经过简单找平处置后，直接开始安装底层脚手板，如图 4-2 所示。

图 4-2　裙楼面支承基础示例

2. 对于双排脚手架支承基础

当采用双排脚手架作为支承基础时，双排脚手架底部地面应夯实并加铺木跳板，与建筑结构采用钢管连墙件拉结加固处理，使其能稳固支撑附着升降脚手架荷载。

支承基础架的找平面应高出标准层楼面 1.2 ～ 1.5m，找平面水平度应控制在 ±15mm 以内；支承基础架的内侧钢管离外墙面 300mm，外侧钢管离外墙面不少于 1400mm；外侧搭设高度不低于 1200mm 的单排防护架，如图 4-3 所示。

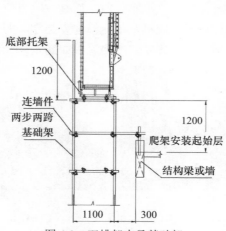

图 4-3　双排架支承基础架

3. 对于场地条件受限制的基础

如果安装位置受到施工场地限制，可根据场地具体情况专门设计钢结构基础，以满足架体安装施工需要。

二、安装作业程序

附着升降脚手架的安装方式主要分为模块组合式安装和散拼式安装两种。

模块组合式安装方式是将架体的零部件在地面上组装成模块单元，塔式起重机吊装模块单元，在建筑标准层的外墙面上横向拼装，直至完成环绕建筑结构一圈层的安装；随土建主体施工进度，再逐层竖向叠加完成上面各圈层的架体安装。

模块组合式安装的模块单元又可根据其高度的不同，分为机位分段模块单元和机位全高模块单元（也称"机位单元"）两种。

机位分段模块单元是在高度上合理拆拼机位，把架体拆分成两段或者三段模块单元，模块单元横向安装形成每一圈层，上、下圈层竖向安装完成机位的整体安装。机位分段模块组合式安装主要流程如图 4-4 所示。

如果机位架体在高度上不分段，而是按照机位完整高度作为模块单元即机位单元，此机位单元横向安装完毕即实现架体的整体安装。机位单元组合式安装主要流程如图 4-5 所示。

（a）   （b）

图 4-4 机位分段模块组合式安装主要流程（一）

（a）模块单元组装码放；（b）第一圈层安装

图 4-4 机位分段模块组合式安装主要流程（二）

（c）第一圈层安装完成；（d）第二圈层安装；
（e）第二圈层安装完成（内）；（f）第二圈层安装完成（外）；
（g）第三圈层安装；（h）第三圈层安装完成（内）；
（i）第三圈层安装完成（外）；（j）架体搭设完成，拆除基础架

图 4-5　机位单元组合式安装主要流程

（a）机位单元组装码放；　（b）作业面形成，附墙支座安好；
（c）机位单元安装；　（d）机位单元横向拼装完成

　　散拼式安装方式是将架体的脚手板、导轨、立柱等零部件吊运到建筑楼层上，从标准层开始，按照土建施工进度，把零散的零部件根据施工方案设计要求，一件件地搭设安装直至整体成型。

　　散拼式安装是附着升降脚手架最为普遍的安装方式，其安装作业具体流程如下：

1. 预埋临时连墙件

　　（1）从标准层开始，对应机位处的各层建筑结构上应预埋临时连墙件。

　　（2）导轨、立柱等竖直部件安装后，应及时设置临时拉结防止其倾覆。临时拉结应设置在导轨上，建筑结构每边应设置 3～5 处，如图 4-6 所示。

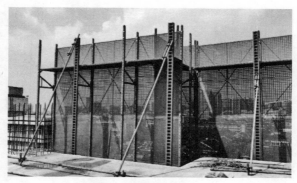

图 4-6 临时拉结示例

2. 安装预埋管

（1）预埋管可采用 PVC 管、薄壁钢管、沉头螺孔、锥型套管等多种管件。

（2）在第二层标准层的结构上，对应导轨的位置预埋附墙支座所需的穿墙螺杆预埋管。

（3）从第三层标准层开始，以上的各层建筑结构上，在对应机位的位置，同时预埋附墙支座以及提升吊点所需的两种穿墙螺杆预埋管。吊点预埋管居于附墙支座预埋管左侧或右侧，距离 400mm。

（4）附墙支座的预埋管竖向以导轨中心线为基准，中心偏差不大于 50mm，预埋管两端的水平度、垂直度偏差不大于 10mm，且与模板、钢筋固定。

1）梁上预埋

预埋管中心线距梁底不小于 250mm，升降设备上吊点的预埋管中心线距梁底不小于 300mm，预埋管应尽量贴近楼面，如图 4-7 所示。

为防止混凝土浇筑振捣时预埋管跑位，可采取在梁内外两侧的两箍筋间附加钢筋固定、在模板上开孔固定等加固方式。

2）剪力墙上预埋

距标准层楼板底面下 300mm 或距楼板底面上 400mm 位置的剪力墙上（方案有特殊要求的除外）。

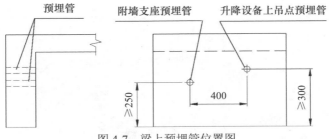

图 4-7 梁上预埋管位置图

3）楼板上预埋

先吊线在楼板上找出垂直于导轨的中心位置线，根据附板转换件的规格确定前、后预埋管的位置和孔距。如预埋管位置处于纵、横向钢筋的空隙处时，应在底筋和面筋上做固定处理。

3. 安装底部托架

（1）按照施工方案的设计要求进行放线定位，如图 3-9 所示，将底部托架用扣件扣牢在作为支承基础的脚手架上，底层脚手板安装在托架上。

（2）采用底部托架稳固架体底部，设置临时连墙件使架体与建筑连接是架体安装阶段非常必要的安全措施。否则，架体安装阶段容易发生倾覆类事故。

4. 安装底层脚手板

（1）从建筑的 90°转角处开始，往两个水平方向在底部托架上铺设底层脚手板，如图 4-8 所示。

图 4-8 从 90°转角处往两边铺设示例

（2）整体拼装好塔式起重机附着杆位置的吊桥底板后，安装在底部托架上。

（3）如果机位分组，则预留出机位分组处的断口。

5. 安装内、外立柱

（1）将内、外立柱安装在底层脚手板上。

（2）再将三角支架安装在内立柱和外立柱之间，在机位的导轨位置，三角支架暂时仅安装在外立柱上。

（3）三角支架安装高度应一致。

6. 安装水平桁架

（1）水平桁架是架体整体刚性和稳定性的重要保证。通常设置在架体底部脚手板上或者第二步脚手板上。内侧水平桁架将所有导轨内立柱和内排立柱贯通连接，外侧水平桁架将所有外排立柱贯通连接。

（2）沿架体水平方向，水平桁架纵向的大横杆应在同一轴心线上；在高度方向上，水平桁架应紧靠三角撑。

（3）两榀相邻的水平桁架之间采用螺栓对接或搭接，上、下大横杆对接位置用夹板加固。内、外水平桁架均应贯通连接，特别是转角处内、外水平桁架和立柱须连接成一体，如图4-9所示。

图 4-9 转角处水平桁架贯通连接

（4）为方便人员进出架体，也可以将水平桁架安装到第二层脚手板上部。

7. 安装各圈层脚手板与防护网板

（1）从下往上，随施工进度逐层连接增高导轨、内立柱和外立柱。

（2）在导轨、内立柱和外立柱之间逐层往上安装三角支架。

（3）在导轨、内立柱和外立柱之间安装各步脚手板，按照施工方案预留出楼梯洞口、施工电梯洞口等。

（4）防护网板逐层往上安装在外立柱之间，并保证防护高度始终超过施工作业面 1.5m，直到专项施工方案设计所需的架体高度，如图 4-10 所示。

图 4-10　逐层安装各圈层架体零部件

（5）塔式起重机附着杆位置处防护网板应采用水平方向与垂直方向均可开合的越障方式。

（6）各圈层防护网板与脚手板、防护网板转角、机位断口处均应封闭严密。

8. 安装导轨

（1）在两层脚手板安装完成后，用塔式起重机吊运安装导轨。

（2）导轨从下往上分别与底层脚手板、三角支架、水平桁架以及第二步脚手板连接。

（3）应在导轨上采取临时拉结措施，防止架体倾倒。

9. 安装附墙支座

（1）待第二层标准层机位处的模板拆除，且混凝土强度达到

C15 后，将架体通过附墙支座用穿墙螺杆以及加高件等固定在建筑结构上，如图 4-11 所示。

（2）随各标准层结构的逐层施工，逐层安装附墙支座。

（3）附墙支座未安装之前，应设置临时连墙件防止架体倾覆，并避免架体超高。

10. 安装翻板组件

（1）在底层脚手板内侧安装翻板连接件，在翻板连接件上再安装翻板，翻板平搭或者斜靠到建筑结构上，形成底部水平全封闭安全防护，如图 4-12 所示。

 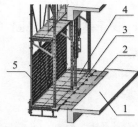

图 4-11　附墙支座安装示例
1—导轨；2—附墙支座；
3—穿墙螺杆；4—加高件

图 4-12　底部水平全封闭防护示意图
1—建筑结构；2—翻板；3—翻板连接件；
4—底层脚手板；5—防护网板

（2）在土建施工作业层的下一步（即从下往上的第 4 层）脚手板上安装翻板连接件和翻板，完成第二层水平全封闭安全防护。

（3）架体与建筑结构之间，通过防护网板、脚手板、翻板连接件、翻板与建筑结构的楼板面或者外墙面的严密封闭，架体在水平方向和垂直方向上至少形成两道全封闭硬防护。

11. 安装电动葫芦

（1）在架体导轨上安装下吊点和上吊点张紧支座。

（2）在建筑结构上安装附墙吊挂件，并将循环钩总成构件安装在吊挂件上，电动葫芦的上、下挂钩分别安装在导轨的上、下吊点支座上。

（3）调整好电动葫芦链条张紧度。

12. 安装配电线路及同步控制系统

（1）在第三步脚手板下，按三级配电布置电动葫芦动力电源线路。

（2）用通信电缆将总控制柜、分控柜、电动葫芦、重力传感器正确连接。

（3）线缆用绝缘胶管穿管或用线槽敷设整齐。

13. 安装附属设施

随架体的搭设进度，同步安装楼梯、LOGO标识等附属设施。

三、安装阶段常见问题与预防措施

1. 支承基础架不稳固（图4-13）

图4-13　支承基础架不稳固案例

预防措施：加固支承基础架满足架体荷载要求，并与支承基础架可靠连接。

2. 架体底部与支承基础架无可靠连接（图4-14）

图4-14　与支承基础架无可靠连接案例

预防措施：采用安装托架等措施与支承基础架牢固连接。

3. 未及时安装附墙支座（图 4-15）

图 4-15　未及时安装附墙支座案例

预防措施：随土建主体施工进度，尽早拆除机位处模板，跟进安装附墙支座，并辅以连墙件临时拉结。

4. 安装后的导轨、立柱等竖直杆件不垂直

安装后的导轨、立柱等竖直杆件不垂直，特别是导轨的垂直度偏差超出允许范围的原因，是在架体搭设连接增高的过程中没

有及时调整好杆件的垂直度，并紧固螺栓。

预防与整改措施：搭设安装时就调整好杆件的垂直度，并及时紧固水平和竖直方向各部件的螺栓；如出现不垂直的情况，则先采取稳定架体措施后，适当松脱或者拆除连接处的螺栓，重新调整组装，发现不满足直线度要求的部件应进行更换。

5. 架体防护高度不够致使土建施工裸露

如图 4-16 所示，架体防护高度不够致使土建施工裸露，临边施工缺失安全防护。原因是支撑基础架搭设高度偏低，架体搭设进度滞后于土建施工进度。为了避免此类问题，如图 4-3 所示，支承基础架高度应超过标准层 1.2 ～ 1.5m 开始安装。同时，保障材料供应，安装人员充足配备，以确保架体搭设防护高度始终在土建作业面之上。

图 4-16 架体防护高度不够示例

6. 预埋管偏位、堵管致使附墙支座装不上

预防措施：土建施工单位加强对混凝土浇筑工的技术交底和培训，检查混凝土表面是否有跑模、胀模等影响附墙支座安装质量的情况，跑模、胀模偏差较大时，土建施工单位应及时修整，合格后方可安装附墙支座。

注意对预埋管的定位保护，预埋时绑扎牢固，端口封堵结实。预埋管的位置偏差控制在许可范围，超过标准则需重新打孔。

第四节 特殊部位的技术处理措施

一、异形结构的附墙支座安装

（1）附墙支座通过加高件安装在建筑结构上，如图4-17所示。

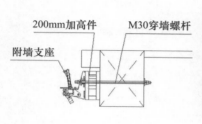

（a）

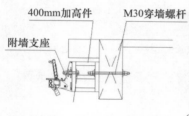

（b）

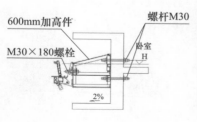

（c）

图4-17 采用加高件（≤600mm）安装附墙支座

（a）50～200mm加高件； （b）300～400mm加高件；

（c）500～600mm加高件

（2）附墙支座通过加高件、可调拉杆安装，如图4-18所示。

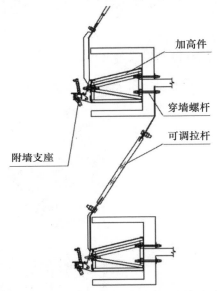

图4-18　采用加高件（700 ～ 900mm）与可调拉杆安装附墙支座

（3）附墙支座通过附板安装架、可调拉杆安装在楼板面上，如图4-19所示。

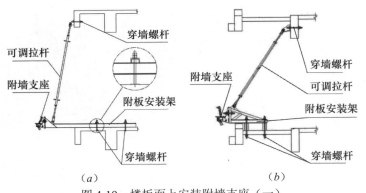

（a）　　　　　　　　　　（b）

图4-19　楼板面上安装附墙支座（一）

（a）外伸距离≥ 900mm 安装；（b）反坎梁安装

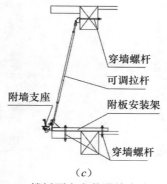

（c）

图 4-19　楼板面上安装附墙支座（二）

（c）悬挑板安装

二、架体各部位封闭防护

1. 水平全封闭

在架体各圈层逐步安装过程中，对架体底部和在建作业楼层位置之下的架体脚手板（通常为第 4 步）进行水平全封闭硬防护。

（1）如图 4-12 所示，在底层脚手板内侧安装翻板连接件，在翻板连接件上再安装翻板。

（2）翻板搭盖在建筑楼面上，或者斜靠在建筑外墙面或结构梁的外侧面，使架体内侧与建筑无缝封闭，从而形成架体底部的水平全封闭。

（3）在土建施工作业楼层位置之下的架体第 4 步脚手板上也设置翻板连接件和翻板，形成架体在水平方向上的第二道全封闭硬防护。

（4）如果防护网板安装在外立柱的内侧，则防护网板安装后即紧贴脚手板边缘，脚手板与防护网板的封闭可一次性成型。

如果防护网板安装在外立柱的外侧，则防护网板与脚手板之间就存在 50mm 缝隙，每圈层脚手板外侧还需要用 L 形封板、C 形封板等材料补缝封闭，如图 4-20 所示。

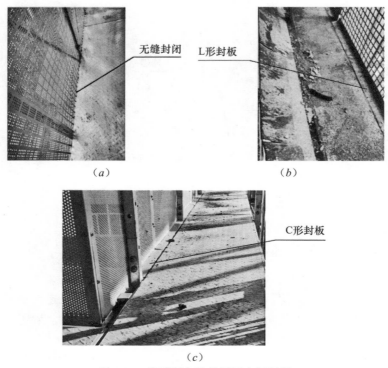

图 4-20　脚手板与防护网板之间封闭

（a）一次性成型封闭；（b）L形封板补缝封闭；（c）C形封板补缝封闭

2. 转角处水平封闭

（1）直角水平封闭

架体通常从建筑结构 90°转角开始往两个方向延伸安装，则架体脚手板水平面上相互垂直，因此其翻板连接件和翻板也水平垂直，其阴阳角处的碰角封闭处理如图 4-21 所示。

（2）非直角水平封闭

在建筑立面结构的圆弧、折线、曲线造型等非直角部位，架体通常依照结构曲线造型搭设。转角处需设计制作异形脚手板、水平桁架连接件等非标构件，以吻合适应造型曲线，如图 4-22所示。

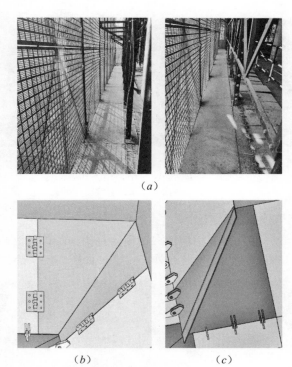

（a）

（b）   （c）

图 4-21　直角水平封闭

（a）平直段封闭；（b）阴角处封闭；（c）阳角处封闭

（a）   （b）

图 4-22　非直角转角结构示例（一）

（a）圆弧转角内部；（b）圆弧转角外观

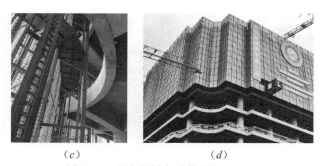

（c）   （d）

图 4-22 非直角转角结构示例（二）

（c）折线转角内部；（d）折线转角外观

3. 架体外侧竖向封闭

（1）升降架外侧采用防护网板竖向封闭。防护网板通过连接件、插销、螺栓等方式安装在外立柱上，如图 4-23 所示。

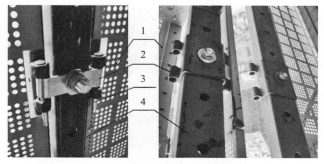

图 4-23 防护网板安装

1—防护网板；2—连接件；3—插销；4—外立柱

（2）防护网板骨架由方管呈半"米"字形焊接，将冲孔网片采用自攻钉安装在骨架上，外侧无需再设剪刀撑，如图 4-24 所示。

（3）防护网板的安装、拆卸或者更换均在升降架的架体内操作。

（4）在间距较小且非标准模数尺寸的外立柱之间，可采用冲孔网片采用自攻钉钉在外立柱上进行竖向封闭。

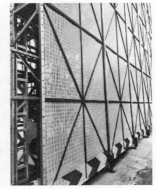

图 4-24 半 "米" 字形防护网板

4. 架体端部封闭

当架体不能围绕建筑环形贯通时，架体端部从下到上采用相同结构的防护网板封闭。

5. 异形结构处封闭

由于建筑结构的内凹、外凸、斜面、圆弧、非直角转角、奇偶层等变化，导致升降架架体在此类异型结构处需针对性地设计加工异形构件，主要是水平面上的异形脚手板、翻板、水平支承桁架连接件；而竖直立面方向上的导轨、内外立柱及防护网板等构件可基本不做改动。

三、架体分组断口处理措施

由于土建施工常常分区先后作业，并且为了加强升降架安全监控，合理调配作业人员，由此将架体分成两组或多组，使每组架体升降时独立先后升降，升降后进行水平面和立面的封闭形成整体交付使用。

1. 分组原则

（1）分组尽量少，常规建筑一般为对称两组分布。

（2）分组位置要避开塔式起重机附着杆、施工电梯、卸料平台等。

（3）每组架体与架体之间的端面间距 300 ～ 500mm 为宜。

2. 分组处封闭

（1）水平封闭：升降架架体分组处每层设置翻板，架体升降前打开翻板，升降后恢复翻板封闭。

（2）立面封闭：窗扇式防护网板一侧焊接合页，通过合页与一侧的外立柱连接，另一侧用铁丝连接到另一组架体的外立柱上，实现立面全密封。架体升降前打开窗扇，升降后窗扇恢复关闭。

四、塔式起重机附着杆越障处理措施

在编制专项施工方案时，根据施工单位提供的塔式起重机附着杆准确位置和尺寸，采用吊桥脚手板和窗扇式防护网板的技术措施，解决塔式起重机附着杆伸入架体的越障问题。

1. 吊桥

吊桥脚手板上焊接合页，通过合页与相邻脚手板连接，在两块吊桥脚手板端部勾挂棘轮绞盘的钢丝绳，通过手动棘轮绞盘的收放，实现吊桥脚手板在水平方向上的打开和闭合，如图 4-25、图 4-26 所示。

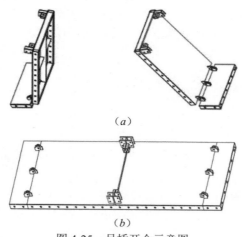

（a）

（b）

图 4-25　吊桥开合示意图
（a）吊桥打开；（b）吊桥闭合

图 4-26　吊桥升降钢丝绳棘轮绞盘示例

需要越过塔式起重机附着杆时，先收短棘轮绞盘上的钢丝绳，拉起吊桥脚手板，使吊桥脚手板打开；升降架体，越过塔式起重机附着杆后，放下棘轮绞盘上的钢丝绳，闭合吊桥脚手板，并将两块吊桥脚手板的端头用螺栓连接，形成一块完整的脚手板。

2. 窗扇式防护网板

窗扇式防护网板一侧焊接合页，通过合页与相邻外立柱连接，两扇防护网板可在垂直方向上开窗和关窗，如图 4-27 所示。

需越过塔式起重机附着杆时，开窗；越过塔式起重机附着杆后，关窗。

图 4-27　塔式起重机附着杆处窗扇式防护网板

3. 水平桁架上移

在塔式起重机附着杆位置，应将水平支承桁架往上移位安装，以保证水平桁架错层连续贯通。

4. 安全距离

（1）塔式起重机附着杆伸入升降架高度应不大于架体底部覆

盖的 2 个楼层高。

（2）塔式起重机附着杆各杆件与建筑结构连接的方向应上下保持一致，如图 4-28 所示，避免交叉变化。这样，架体上的脚手板、水平桁架、立柱等构件与附着杆的距离能始终保持一致，才能尽可能大地保持安全距离。

（3）架体上的吊桥脚手板和窗扇式防护网板打开后与塔式起重机附着杆距离应不小于 150mm。

图 4-28　塔式起重机附着杆上下方向一致

五、施工电梯剖口处理措施

1. 剖口的预留

在土建主体施工阶段，如果施工电梯不进入架体，则升降架与施工电梯不干涉，施工电梯在架体下面运行。

但是，当土建主体完成，施工电梯通常很快就要上升到屋面施工，如果在升降架专项施工方案中没有预先设计施工电梯位置处架体的拆除，那么在拆除施工电梯时，就会造成架体构件破坏、费工费力效率低下、存在高空坠物安全隐患等不利后果。

因此，在土建主体施工阶段，无论施工电梯是否进入架体，在编制专项施工方案时，均要预先考虑施工电梯的剖口位置，并在主体完成后上升到顶的剖除预案。

2. 剖口的定位

（1）在编制专项施工方案时，施工单位应提供准确的施工电梯安装位置和尺寸。机位布置设计时，施工电梯正对的架体位置不能布置机位和升降动力机构，应设法避开，并且架体构件的选择和安装要方便以后的剖除。

（2）当土建主体完成，架体尚没拆除前，施工电梯通常会升高到顶，直接拆除施工电梯正对的全高架体构件，形成两个架体断口。

（3）在土建主体施工阶段，如果需要施工电梯升入架体内，则在施工电梯的对应位置，拆除架体底部构件形成剖口。

3. 剖口处理

（1）施工电梯剖口高度应不超过 2 层结构高度。

（2）施工电梯宜单笼进入架体，以减少对升降架整体结构的影响，如图 4-29 所示。

图 4-29　施工电梯进入架体示例

（3）在施工电梯剖口处，水平桁架上移，安装到剖口顶上的两步脚手板之间，并保证水平桁架错层连续贯通。

（4）施工电梯剖口顶部需做底部全封闭，剖口两侧用防护网板做端部垂直封闭，距离施工电梯的梯笼、标准节、附着杆等部件距离架体应不小于 300mm。

（5）土建主体完成后，如果需要施工电梯剖口开到架体顶部，则架体两侧防护网板垂直封闭到顶。

六、卸料平台洞口处理措施

根据施工单位确定的卸料平台位置，结合架体上机位和升降动力机构的具体布置，选择在较大间距的机位之间安装卸料平台，如图 4-30 所示。

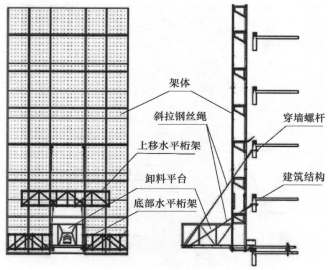

图 4-30　卸料平台洞口位置示意图

卸料平台安装位置的架体开洞方法与施工电梯剖口处理措施相同。同时，卸料平台下方应避开施工电梯、塔式起重机附着杆、人员通道、临街道路等设施和区域。

七、楼梯搭设处理措施

（1）选择在较大平直立面的架体内设计和安装楼梯，供人员上下通行，如图 4-31 所示。

（2）从各建筑楼层进出架体，上下楼梯应通畅。

（3）楼梯角度应控制在 30°～45°范围。其上端用螺栓固定在上层走道板的边框上，下端搭在下层脚手板板面上，并用螺栓固定。

（4）楼梯内侧和进出口周边应设置扶手栏杆，人员进出位置脚手板与建筑之间应搭设防护翻板，防止人员踏空坠落。

图 4-31　楼梯示例

第五节　卸料平台的安拆、升降和使用

一、卸料平台的分类

在主体施工阶段，通常会使用卸料平台转运架体所覆盖楼层内的材料。按照卸料平台的升降方式分为随架升降卸料平台和独立升降卸料平台两种。

（1）随架升降卸料平台：不带动力设备，升降时随升降架架体升降，使用时与架体脱离，全部荷载卸载到建筑结构上，如图 4-32 所示。

图 4-32　随架升降卸料平台

（2）独立升降卸料平台：自身带动力设备，利用自身的附墙支座和导轨独立升降，与升降架架体无连接，又分为斜拉式和斜撑式，如图 4-33 所示。

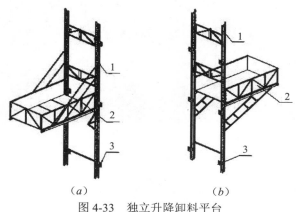

（a）   （b）

图 4-33　独立升降卸料平台

（a）斜拉式；（b）斜撑式

1—导轨；2—卸料平台；3—附墙支座

二、卸料平台的安装与升降

1. 安装位置

选择在架体底部较大间距的机位之间安装卸料平台，其下方应避开施工电梯、人员通道、临街道路、塔式起重机附着杆等设施和区域。

2. 随架升降卸料平台

（1）拆除卸料平台安装位置的防护网板。

（2）在地面组装好卸料平台，用塔式起重机将卸料平台吊到安装位置。

（3）拉出卸料平台两侧的伸缩纵梁，用预埋螺栓固定到楼板上。

（4）将卸料平台每侧纵梁前端端头的 2 根斜拉钢丝绳连接到建筑结构的挂点上，完成卸料平台的安装。

（5）卸料平台使用时，其每侧的纵梁后端固定在楼板面上，纵梁前端2根斜拉钢丝绳已连接到上一层结构上卸荷，卸料平台与升降架架体完全脱离，进入转料使用状态，如图4-34所示。

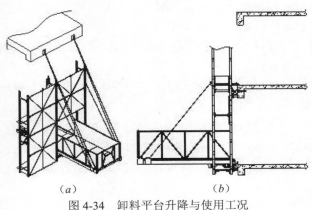

（a）　　　　　　　　　　（b）

图4-34　卸料平台升降与使用工况
（a）使用时；（b）升降时

（6）卸料平台升降时，其每侧的纵梁后端收缩到架体内，纵梁前端的第3根副钢丝绳连接到架体的立柱上，解除其每侧与建筑结构连接的2根斜拉钢丝绳后，如图4-34所示，卸料平台随同架体提升或者下降。

3. 独立升降卸料平台

（1）开好卸料平台安装位置的架体洞口。

（2）在地面上组装好卸料平台主体，料台主体立起后安装在平放的导轨上，安装斜撑杆、桁架，并用连接杆将撑杆连接好。

（3）用塔式起重机将卸料平台吊到安装位置，导轨上的附墙支座安装到预埋孔上，完成卸料平台的安装。

（4）独立升降卸料平台使用时，其附墙支座上的停层卸荷装置必须全部打开顶撑到位方可转料。

（5）独立升降卸料平台的升降与架体的升降原理和操作步骤相同。

三、卸料平台的安全使用要求

（1）每次安装后均应由现场安全员检查验收合格后方可使用。

（2）卸料平台必须悬挂限载指示牌，使用时不得超载。

（3）转料使用必须是即装即吊，不允许物料在周转过程中长时间停留在料台上。

（4）零星材料堆放时不允许超出料台边缘，钢管料超出料台长度应小于 1.5m。

（5）卸料平台各侧面、卸料平台与架体之间必须做好防护，保证使用人员的人身安全。

（6）升降过程中，操作人员必须坚守岗位，注意观察，一旦发现结构变形、受损等现象，应立即停止升降，待修复加固后才能继续操作。提升、下降完成，使用前进行检查验收并填写记录。

四、卸料平台的拆除

卸料平台使用完毕后，进行拆除工作。

（1）对作业人员进行安全技术交底，拆卸时，要有专人负责指挥，并在拆卸范围内设置警戒线，防止人员闯入发生安全事故。拆卸人员应佩戴安全帽，严禁向下抛扔平台组件。

（2）清理料台上的杂物，确保料台完整，各构件连接可靠。

（3）料台用吊钩吊好，拆除卸料平台与架体和建筑物的连接，用塔式起重机将卸料平台吊下。

（4）卸料平台拆除完毕，对架体洞口进行封闭防护。

第六节　安装后的检查与验收

一、检查验收的依据

按照《建设工程安全生产管理条例》（国务院令 393 号）的

规定，施工单位在使用附着升降脚手架前，应当组织有关单位进行验收，也可以委托具有相应资质的检测机构进行检验验收。

二、检查验收组织与程序

（1）安装单位自检：在附着升降脚手架安装完毕后，首先应由安装单位组织本单位的相关安全、质量、技术和项目现场管理人员对安装后的升降架进行自检。对检验不合格的项目，由安装单位组织整改。所有项目经自检及整改合格后，参与自检人员签字确认，存档备查。

（2）施工单位检查验收：安装单位自检合格后，由施工单位组织，会同建设单位、监理单位和安装单位的相关人员，对照表 4-3 进行检查验收，验收合格后才能进行升降架的使用。

（3）检查验收合格后，报当地建设工程质量安全监督部门备案。

三、检查验收项目与内容

附着升降脚手架首次安装完毕及使用前应按表 4-3 检查验收。

附着升降脚手架首次安装完毕及使用前检查验收表　　表 4-3

工程名称			结构形式	
建筑面积			机位布置情况	
施工单位			项目经理	
租赁单位			项目经理	
安拆单位			项目经理	

序号	检查项目		标准	检查结果
1	保证项目	架体结构	整个架体为工厂定型生产的全钢结构	
			各杆件的轴线应汇交于节点处，并应采用螺栓或焊接连接，如不汇交于一点，应进行附加弯矩计算	
			各节点应焊接或螺栓连接	
			相邻机位的高差≤ 30mm	
2		架体构造	空间几何不可变体系的稳定结构	

序号	检查项目		标准	检查结果
3		立柱	立柱采用不小于 60mm×40mm 方管,间距≤2m;特殊情况,当间距>2.4m 时,应在立柱与水平杆之间增加斜撑构造	
4		纵向水平杆间距	≤5.0m 或不大于一个楼层的高度	
5		脚手板	采用花纹钢板工厂定型生产的脚手板	
			脚手板设置 2m 一步,顶层脚手板设置在板底或梁底 200mm 处	
			架体底部封闭严密,与墙体无间隙	
6	保证项目	附墙支架	每个竖向导轨所覆盖的每一楼层处应设置一道附墙支座	
			使用工况应将竖向导轨固定于附墙支座上	
			升降工况,附墙支座上应设有防倾、导向的结构装置	
			附墙支座应采用锚固螺栓与建筑物连接,受拉螺栓的螺母不得少于两个或采用单螺母加弹簧垫圈	
			附墙支座支承在建筑物上连接处混凝土的强度应按设计要求确定,但不得小于 C15	
7		架体构造尺寸	架高≤5 倍层高	
			架宽≤1.2m	
			架体全高 × 支承跨度≤110m^2	
			支承跨度直线型≤7m,支承跨度折线或曲线型架体,相邻两主框架支撑点处的架体外侧距离≤5.4m	
			水平悬挑长度不大于 2.0m,且不大于跨度的 1/2	
			升降工况上端悬臂高度不大于 2/5 架体高度且不大于 6m	
8		防坠落装置	在防倾导向件的范围内应设置防倾覆导轨,且应与架体结构可靠连接	
			防坠落装置应设置在竖向导轨处并附着在建筑结构上	

序号	检查项目		标准	检查结果
8	保证项目	防坠落装置	每一升降点不得少于一个，在使用和升降工况下都能起作用	
			防坠落装置与升降设备应分别独立固定在建筑结构上	
			应具有防尘防污染的措施，并应灵敏可靠和运转自如	
9		防倾覆设置情况	防倾覆装置中应包括导轨和两个以上与导轨连接的可滑动的导向件	
			在升降和使用两种工况下，最上和最下两个导向件之间的最小间距不得小于2.8m或架体高度的1/4	
			应具有防止架体结构倾斜的功能	
			应用螺栓与附墙支座连接，其装置与导轨之间的间隙应小于5mm	
10		同步装置设置情况	连续式水平支承桁架，应采用限制荷载自控系统	
			简支静定水平支承桁架，应采用水平高差同步自控系统，若设备受限时可选择限制荷载自控系统	
11	一般项目	防护设施	外立面采用定型钢制防护网全密封	
			架体底层脚手板封闭严密，与墙体无间隙	

检查结论

检查人签字	施工单位	监理单位	租赁单位	安拆单位

符合要求，同意使用（　　　）

不符合要求，不同意使用（　　　）

总监理工程师（签字）　　　　　　　　　　　　年　　　月　　　日

注：本表由施工单位填报，监理、施工、租赁与安拆单位各存一份。

第七节　附着升降脚手架的拆除

一、拆除作业基本原则

1. 从上到下原则

附着升降脚手架拆卸过程与安装过程相反，应遵循机位分组从上到下拆除，不得上下同时拆除作业的原则。

2. 宁整勿散原则

以 1～2 机位的部分或全部架体为拆除单元，拆除单元上的各零部件应相互连接牢固形成吊装整体，暂留在建筑上的待拆机位架体也应成为整体，避免出现零散件，并牢固附着在建筑上。严禁将零部件、连接件等浮物搁置在拆除单元上。

3. 塔式起重机吊运优先原则

现场塔式起重机拆除前应先拆除附着升降脚手架，架体应优先采用塔式起重机吊运配合拆除，尽量减少操作者高空拆除作业的工作量。拆除单元在地面解体，分类打包。

4. 边拆边吊原则

第一组拆除单元未拆卸完成前，同一工作面上不得拆卸第二组拆除单元；拆除单元一旦拆卸完成，则必须立即用塔式起重机吊到地面，也就是拆除一组必须立即吊离一组。

二、拆除作业程序

（1）建筑施工作业面完成后，由施工单位下达附着升降脚手架的拆除指令。

（2）拆架前的准备工作：

1）设置拆除安全警戒区：

在待拆架体下方设置安全警戒区域，施工单位须派专人现场警戒守护，严禁与拆架无关的其他人员进入该区域。

2）进行安全技术交底，并对人员进行分工，且拆架工具、安全防护用品齐备，通信可靠。

3）施工单位全面清除架体上的材料、建渣以及地面障碍物。

（3）拆卸电动葫芦、电控系统，吊运至地面分类打包。

（4）塔式起重机覆盖吊运的架体拆除作业：

1）以 1 ～ 2 机位的部分或全部架体划分成拆除单元，也就是，根据塔式起重机能力拆除单元可以是整机位，也可以将机位拆分为几部分。拆除单元上的各零部件须确保牢固连接，如图 4-35 所示。

图 4-35　整机位拆除单元

2）用钢丝绳吊钩挂牢拆除单元上设置的吊环，塔式起重机稍往上提，使其受力后，拆除拆除单元与待拆机位架体之间的连接。清理拆除单元上所有拆下的连接件，捆绑好容易脱落的零部件，防止塔式起重机吊装时高空坠物。

3）将附墙支座固定在导轨上，拆除附墙支座与建筑结构之间的穿墙螺杆。

4）指挥塔式起重机将该拆除单元吊运到地面平放，防护网板在下，导轨在上。尚未拆除的架体应牢固附着在建筑上。

必须坚持拆卸一组拆除单元，随即吊离该组拆除单元的边拆边吊的原则。

5）地面拆除人员解下塔式起重机钢丝绳吊环，将拆除单元上的所有零部件解体。

6）重复上述步骤，依次进行架体拆除单元的拆除、吊离、解体、分类、打包、运输出场。

（5）塔式起重机或吊车不能覆盖的机位架体拆除作业：

1）拆除上节导轨对应架体的脚手板、翻板、立柱、防护网板、连接板与翻板等，将拆除的材料设备堆放至楼层内，转运至塔式起重机覆盖区域或施工电梯位置，再转运到地面。

2）剩余的下节导轨（通常不小于 6m）对应的机位架体与建筑结构应有 2 个附墙支座固定。在屋面或者楼层中安装卷扬机等起重设备拆除剩余的架体。

三、拆除作业注意事项

（1）拆卸架体前，设置安全警戒区、安全技术交底、建渣清理等工作准备到位。

（2）检查所有的连接螺栓、附墙支座是否牢固。各拆除单元划分应独立完整，无浮物，容易散脱的零部件需捆绑牢靠。

（3）拆除单元的吊点设置在受力杆件上，重心平稳。起吊时指令清晰，缓慢渐进。

（4）拆除附墙支座时，要缓慢松脱穿墙螺栓，防止突然松开，造成拆除单元剧烈晃动。

（5）后拆部分与建筑始终可靠连接，临边位置设置防护栏杆。

（6）拆卸过程中严禁抛掷材料。大构件及时用塔式起重机分类堆放，螺栓、螺母、垫片等标准件和小构件应装入容器吊运。

（7）拆卸过程中，应经常对连接件、附墙装置进行检查，如有锈蚀严重、焊缝开裂、连接螺栓松开等情况，应及时作出处理。

（8）拆除、吊运和分解等过程中，必须注意成品保护，严禁破坏、污染墙面、楼地面及门窗。严禁拆除和损坏现场安全防护设施。

（9）应建立严格检查制度，在班前班后、大风暴雨等恶劣天气之后，均应有专人进行检查。

第五章　附着升降脚手架的升降和使用

第一节　附着升降脚手架的升降

一、升降前的准备工作

附着升降脚手架每次升降前需由施工单位确认其他各工序当前楼层的施工作业已经全部完成，且混凝土强度达到专项施工方案要求。此时，应由施工单位向附着升降脚手架专业分包单位发出书面的升降作业指令。升降架专业分包单位接到指令后做好升降前的各项准备工作。

（1）按下列内容进行升降前的检查验收：

1）支承结构与建筑结构连接处混凝土强度达到专项方案计算值，且附墙支座处混凝土强度≥C15，升降设备悬挂点处混凝土强度≥C20。

2）每个竖向主框架所覆盖的每一楼层处应设置一道附墙支座，且每榀竖向主框架上不少于3个附墙支座。每个附墙支座上应设有完整的防坠、防倾、导向、卸载装置，且所有安全装置应灵敏、可靠。

3）每个机位处的升降设备及同步控制系统应启动灵敏，运转可靠，旋转方向正确；控制柜工作正常，功能齐备。

4）防坠落装置应设置在竖向主框架处并附着在建筑结构上，且防坠落装置与升降设备必须分别独立固定在建筑结构上；防坠落装置应具有防尘防污染的措施，并应灵敏可靠和运转自如；防坠落装置设置方法及部位正确，灵敏可靠，严禁人为使其失效或者减少防坠落装置数量。

5）防倾覆装置中必须包括导轨和不少于三个与导轨连接的可

滑动的导向件；在防倾导向件的范围内应设置防倾覆导轨，且必须与竖向主框架可靠连接；在升降和使用两种工况下，最上和最下两个导向件之间的最小间距不得小于 2.8m 或架体高度的 1/4。

6）确保所有建筑结构与待升降架体之间无障碍物阻碍外架的正常滑升。

7）架体构架上的连墙杆、临时拉结杆、防雷接地线等应全部拆除，并完全脱离架体。

8）塔式起重机或施工电梯附墙装置的安装方式和位置尺寸应符合专项施工方案的规定，且架体整个升降过程不会与之干涉。

9）电缆线路、开关箱符合现行行业标准《施工现场临时用电安全技术规范》JGJ 46 中对线路负荷计算的要求；设置专用的开关箱，所有电源线路连接可靠，电气元件灵敏、可靠。

10）施工单位安全负责人、监理单位监管人员、专业分包单位现场管理人员、运行指挥人员、作业人员均已到场；所有人员通信畅通；所有人员均持有对应的有效上岗证书；所有人员均已接受安全技术交底。

（2）待升降架体区域下方地面划出安全警戒区域，且现场必须有专人警戒守护，严禁与作业无关的人员进入该区域。

（3）由施工单位安排木工班组及时拆除最上面一层建筑结构边沿即将安装附墙支座处的内、外模板，确保附墙支座及时安装。

（4）清除架体、附墙支座、电动葫芦、链条等构件上的所有建渣、模板构件等浮物。

（5）在导轨、电动葫芦链条及导轮上涂抹机油进行润滑。

（6）将上述检查验收内容填入表 5-1 中，并履行签字手续。

附着升降脚手架提升、下降作业前检查验收表　　　表 5-1

工程名称		结构形式	
建筑面积		机位布置情况	
施工单位		项目经理	
租赁单位		项目经理	
安拆单位		项目经理	

序号	检查项目		标准	检查结果
1		支承结构与建筑结构连接处混凝土强度	达到专项方案计算值，且≥C15	
2		附墙支座设置情况	每个竖向主框架所覆盖的每一楼层处应设置一道附墙支座	
			附墙支座上应设有完整的防坠、防倾、导向装置	
3		升降装置设置情况	单跨升降式可采用手动葫芦；整体升降式应采用电动葫芦或液压设备；应启动灵敏，运转可靠，旋转方向正确；控制柜工作正常，功能齐备	
4	保证项目	防坠落装置设置情况	防坠落装置应设置在竖向主框架处并附着在建筑结构上	
			每一升降点不得少于一个，在使用和升降工况下都能起作用	
			防坠落装置与升降设备必须分别独立固定在建筑结构上	
			应具有防尘防污染的措施，并应灵敏可靠和运转自如	
			设置方法及部位正确，灵敏可靠，严禁人为失效和减少	
			钢吊杆式防坠落装置，钢吊杆规格应由计算确定，且不应小于 ϕ25mm	
5		防倾覆装置设置情况	防倾覆装置中必须包括导轨和两个以上与导轨连接的可滑动的导向件	
			在防倾导向件的范围内应设置防倾覆导轨，且必须与竖向主框架可靠连接	
			在升降和使用两种工况下，最上和最下两个导向件之间的最小间距不得小于 2.8m 或架体高度的 1/4	

序号	检查项目		标准	检查结果
6	保证项目	建筑物的障碍物清理情况	无障碍物阻碍外架的正常滑升	
		架体构架上的连墙杆	应全部拆除	
		塔式起重机或施工电梯附墙装置	符合专项施工方案的规定	
		专项施工方案	符合专项施工方案的规定	
7	一般项目	操作人员	经过安全技术交底和持证上岗	
		运行指挥人员、通信设备	人员已到位，设备工作正常	
		监督检查人员	施工单位和监理单位人员已到场	
		电缆线路、开关箱	符合现行行业标准《施工现场临时用电安全技术规范》JGJ 46 中的对线路负荷计算要求；设置专用的开关箱	

检查结论

检查人签字	施工单位	监理单位	租赁单位	安拆单位

符合要求，同意使用（　　　）
不符合要求，不同意使用（　　　）
总监理工程师（签字）

年　　月　　日

注：本表由施工单位填报，监理、施工、租赁与安拆单位各存一份。

114

二、升降作业程序

（1）电动葫芦倒链

1）将所有电动葫芦中节从附墙吊挂件上拆除，同时将所有附墙上吊点从建筑结构上拆除后转运到上／下一楼层。

2）开启电源，根据电控系统使用说明书规定的操作方法启动电动葫芦，使电动葫芦中节自动倒链至上／下一楼层。

3）当电动葫芦中节到达上／下一楼层后，将附墙吊挂件安装于建筑结构上，单个微调电动葫芦中节的高度位置，使电动葫芦中节对齐附墙吊挂件安装孔位。

4）采用专用销轴将电动葫芦中节可靠安装在附墙吊挂件上，销轴端部安装开口销，防止销轴退出。

5）启动电动葫芦，使链条张紧受力，保持每个电动葫芦的张紧力一致，张紧力大小保持在 10kN 左右。

（2）打开所有水平密封翻板，使其与建筑结构完全脱离接触，确保整个升降过程不会与建筑结构干涉，并可靠地固定在架体结构上。

（3）打开待升降单元两端断口位置的竖向密封网板和吊桥脚手板，并可靠地固定在架体结构上。

（4）打开塔式起重机附着臂位置的竖向密封网板和吊桥脚手板，并可靠地固定在架体结构上。

（5）启动电动葫芦，使整个架体上升 3～5cm，观察所有机位的升降荷载值是否正常。正常的升降荷载值通常为 20～40kN，根据不同的项目应参照专项施工方案。若升降荷载值出现异常报警，应及时查找原因，排除故障。

（6）如果停层装置的卸载撑杆在提升过程中会阻碍导轨的上行，则必须解除所有卸载撑杆的干涉，将卸载撑杆扳向建筑结构一侧。

在下降过程中，停层装置的卸载撑杆必然会阻碍导轨的下行，因此，下降前应将卸载撑杆扳离导轨，倒向建筑结构一侧，并且下降过程中密切检查，防止撑杆靠向导轨阻碍架体下降。

（7）启动电动葫芦，使架体继续上升／下降，在整个升降过程中，巡视人员应逐个机位巡视，检查是否有干涉、异响、变形、架体不同步（各相邻升降点间的高差不得大于 30mm，整体架最大升降差不得大于 80mm）、链条松弛、链条断裂、葫芦卡阻、附墙支座上翘等故障，若出现故障，应立即通知停机或使用手持式遥控器停机。每个作业人员巡视范围的机位数量宜为 5～7 个。

（8）提升作业：当架体底部提升至低于上一建筑结构板面约 1m 位置时，最下面一个附墙支座脱出导轨，此时应停止提升。拆除最下面一个附墙支座，转运至最上层安装。最下面一层的所有附墙支座拆除完成后继续升降架体，使架体底部与建筑结构板面平齐。

下降作业：当架体下降至最上面一个附墙支座脱出导轨，此时应停止下降。拆除最上面一个附墙支座，转运至最下层安装。最上面一层的所有附墙支座拆除完成后继续下降架体，使架体底部与建筑结构板面平齐。

（9）架体提升或下降完成后，首先恢复所有附墙支座上的停层卸载顶撑，使停层卸载撑杆顶紧导轨上的防坠挡杆。

（10）架体提升完成，停层卸载顶撑顶好后，立即安装架体顶部的临时拉结，防止架体在最上层附墙支座未安装阶段发生倾翻事故，如图 5-1 所示。

（11）恢复水平封闭翻板，检查翻板密封是否严密，翻板应无上翘，与楼层板面或结构侧面无缝隙。

（12）恢复所有断口位置、塔式起重机附着臂位置的竖向密封网板及水平密封，并可靠固定。

（13）启动电动葫芦，使电动葫芦松链卸荷。

图 5-1　架体倾翻安全事故案例

（14）关闭电源，升降作业完成。

（15）升降完成，交付施工单位使用前应按下列内容进行检查，合格后方可使用：

1）架体所有水平翻板封闭，立面防护网板封闭严密。架体底层封闭及立面封闭的缝隙不应大于 5mm。

2）逐一检查所有附墙支座上的停层装置，卸载撑杆均应顶紧在导轨的防坠挡杆上，且无变形。

三、升降作业安全操作规程

附着升降脚手架升降作业应符合下列规定：

（1）每次升降前，应检查以下项目，经检查合格后，方可进行升降。

1）应按升降作业程序和操作规程进行作业；

2）操作人员不得停留在架体上；

3）升降过程中不得有施工荷载；

4）所有妨碍升降的障碍物已拆除；

5）所有影响升降作业的约束已拆开；

6）各相邻升降点间的高差不得大于 30mm，整体架最大升降差不得大于 80mm。

（2）升降过程中应实行统一指挥、统一指令。升、降指令应由总指挥一人下达；但当有异常情况出现时，任何人均可立即发出停止指令。

（3）当采用环链葫芦作升降动力时，应严密监视其运行情况，及时排除翻链、绞链和其他影响正常运行的故障。

（4）架体升降到位后，应及时按使用状况要求进行附着固定；在没有完成架体固定工作前，施工人员不得擅自离岗或下班。

（5）附着升降脚手架架体升降到位固定后，应按本节第二条15 款内容进行检查，合格后方可使用。

（6）遇五级（含五级）及以上大风和大雨、大雪、浓雾和雷雨等恶劣天气时，不得进行升降作业。

（7）从升降作业准备时开始至升降作业完成结束，除升降作业人员外，其他无关人员严禁进行临近作业。

（8）所有升降作业人员、监管人员必须佩戴好安全帽。

（9）升降作业人员进行临边作业时必须佩戴好安全带，并将安全带锚固端固定在可靠的锚固点上。

第二节　附着升降脚手架的安全使用

一、控制施工活荷载

（1）附着升降脚手架是附着在建筑结构上的施工作业和防护平台，在设计上对其使用范围有明确要求和限制，应按设计性能指标进行使用，不得随意扩大使用范围；架体上的施工荷载应符合设计规定，不得超载，不得放置影响局部杆件安全的集中荷载。其荷载值应严格按表 5-2 中参数进行控制。

施工活荷载标准值　　　　　　表 5-2

工况类别		同时作业层数	每层活荷载标准值（kN/m²）	备注
使用工况	结构施工	2	3.0	
	装修施工	3	2.0	
升降工况	结构施工	2	0.5	施工人员、材料、机具全部撤离
坠落工况	结构施工	2	0.5；3.0	在使用工况下坠落时，其瞬间标准荷载应为 3.0kN/m²；升降工况下坠落标准值应为 0.5kN/m²
	装修施工	3	0.5；2.0	在使用工况下坠落时，其标准荷载为 2.0kN/m²；升降工况下坠落其标准值应为 0.5kN/m²

（2）架体内产生和存留的建筑垃圾、材料和杂物，如不及时清理，既增加了架体荷载，又有高空坠物的风险。因此，为避免上述情形的发生，架体内的建筑垃圾和杂物应及时清理干净。

二、安全使用规程

在附着升降脚手架使用过程中，严禁违章作业。

（1）严禁依靠附着升降脚手架吊运物料或集中堆放物料损坏架体。

（2）避免在架体和建筑之间拉结缆绳（索），防止缆绳（索）受力不确定拉翻架体发生塌架事故。架体与建筑之间应采用钢管、钢结构件等硬连接方式。

（3）严禁拆除或松动架体结构件和连接件。

（4）严禁拆除或移动架体上的安全防护设施。

（5）严禁利用架体支撑模板或卸料平台。否则，混凝土浇筑时产生的侧压力传递到架体上，会造成架体结构损坏或局部垮架；支撑卸料平台也存在相同的安全隐患。

（6）附着升降脚手架较长时间停用，每3个月应对架体进行检查、保养以及加固，如增加临时拉结、抗上翻装置、固定所有构件等，确保停用期间的安全。

（7）架体停用后再次使用，或遇六级以上大风天气后，必须经检查合格后方可复工使用。

（8）每月对螺栓连接件、升降设备、防倾装置、防坠落装置、电控设备、同步控制装置进行维护保养，确保其性能可靠。

第六章 附着升降脚手架电气与同步控制系统

第一节 电动葫芦

一、电动葫芦的类型及技术特点

电动葫芦是附着升降脚手架最常用的升降动力设备。

按照电动葫芦机头的安装方式分为：正挂电动葫芦和倒挂电动葫芦两种。

1. 正挂电动葫芦

附着升降脚手架常见的正挂电动葫芦有：标准正挂、正挂多链免移动、正挂单链免移动、正挂单链双钩四种，如图6-1所示。

（a）　　　（b）　　　（c）　　　（d）

图6-1　正挂电动葫芦

（a）标准正挂；　（b）正挂多链免移动；

（c）正挂单链免移动；　（d）正挂单链双钩

（1）标准正挂电动葫芦

如图 6-1（a）所示，标准正挂电动葫芦就是普通环链电动葫芦，是附着升降脚手架最早开始使用的升降动力设备。电动葫芦的机头吊钩始终在上，链条自由端悬垂，按其安装位置分为两类：

1）中心吊方式：电动葫芦机头吊钩悬挂在架体内，其下吊钩连接钢丝绳一端，钢丝绳另一端通过绳轮组转向后，悬挂在附着于建筑结构的吊挂件上。

中心吊式的升降架每次升降无需重复安装和拆卸电动葫芦，但要重复安装和拆卸钢丝绳另一端的吊挂件。

2）偏心吊方式：电动葫芦位于建筑结构和架体内侧，其机头吊钩直接悬挂在建筑结构上，下吊钩吊挂在架体的下吊点上。

偏心吊式的升降架每次升降都需要重复安装和拆卸电动葫芦，工人劳动强度大，设备容易损坏，故障率高。

（2）正挂多链免移动电动葫芦

如图 6-1（b）所示，正挂多链免移动电动葫芦的机头吊钩悬挂在架体的上端，电动葫芦的下吊钩悬挂在架体的下吊点上，上、下两吊钩之间设计有悬挂中节，多排链条在上、下两吊钩之间循环，带动悬挂中节相对运动，从而实现架体的升降。

正挂多链免移动电动葫芦由于其正挂安装，架体升降无需人工逐层重复安装和拆卸，目前市场占有率在逐步提高。其主要技术特点有：

1）电机可采用常规 4 级电机，电机体积小；减速机所需速比较单链电动葫芦小，减速机体积小；

2）电机及减速机运行负荷较单链电动葫芦小，运转时噪声低，运行平稳；

3）整体铸造齿轮箱和一体式外壳，受到冲击时不易受损；

4）链条采用自然悬垂的方式张紧，避免卡链；电动葫芦上链条出入口朝下，可有效避免混凝土及杂物进入到机头内造成故障；

5）使用时需要倒链，安装时要理顺链条，防止扭转。

但是，由于其链条走向和安装方式的原因，导致架体的上、下吊点之间产生一个架体实际提升力 1/3 倍的内拉力，且该内拉力传递到传感器上，对架体结构本身及传感器的承载能力要求较高。

（3）正挂单链免移动电动葫芦

如图 6-1（c）所示，与正挂多链免移动电动葫芦相似，正挂单链免移动电动葫芦的机头吊钩悬挂在架体的上端，电动葫芦的下吊钩悬挂在架体的下吊点上，上、下两吊钩之间设计有悬挂中节，单排链条在上、下两吊钩之间循环，带动悬挂中节相对运动，从而实现架体的升降。

正挂单链免移动电动葫芦由于其正挂安装，架体升降无需人工逐层重复安装和拆卸，受到市场较高的认同度，其主要技术特点有：

1）电机采用 S2 运行制式，性能持久可靠，运行平稳；

2）链条采用自然悬垂的方式张紧，避免卡链；电动葫芦上链条出入口朝下，可有效避免混凝土及杂物进入到机头内造成故障；

3）链条结构简单，容易清理，不易错扭卡链，便于安装；

4）使用时需要倒链；

5）除弹簧张紧力之外，对架体结构不产生内拉力。

（4）正挂单链双钩电动葫芦

如图 6-1（d）所示，正挂单链双钩电动葫芦位于建筑结构和架体内侧之间，其机头吊钩悬挂在建筑结构上，两个下吊钩交替吊挂在架体上，其主要技术特点有：

1）链条在使用过程中无需倒链；

2）无吊钩翻转隐患，链条采用自然下垂的方式张紧，无链条错扭，避免了卡链；

3）便于维护保养；节省维护保养成本；适用于正挂安装。

但是，需要逐层搬运电动葫芦重复安装和拆卸，工人劳动强度大，市场占有率较低。

2. 倒挂电动葫芦

附着升降脚手架倒挂电动葫芦有：倒挂免移动、倒挂循环单链两种，如图 6-2 所示。

图 6-2　倒挂电动葫芦
（a）倒挂免移动；（b）倒挂循环单链

（1）倒挂免移动电动葫芦

如图 6-2（a）所示，倒挂免移动电动葫芦的机头吊钩悬挂在架体的下吊点上，其弹簧张紧座安装在架体的上端，在上端的弹簧张紧座和下吊点之间设计有悬挂中节，悬挂中节安装在附着于建筑结构的吊挂件上，链条在弹簧张紧座、下吊点之间循环，带动悬挂中节相对运动，从而实现架体的升降。

倒挂免移动电动葫芦由于其倒挂安装，架体升降无需人工逐层重复安装和拆卸，除具有正挂免移动电动葫芦的特点外，还有以下技术特点：

1）上吊点通过弹簧张紧链条，以避免链条囤积卡链。

2）如果链条张紧度不够，则容易卡链。如果链条张紧过紧，又容易拉坏弹簧张紧座、拉弯架体构件等。因此，安装过程中要特别注意链条的张紧情况。

3）由于电动葫芦机头倒置，如果链条出入口封闭不严，施工现场的建渣及杂物容易进入机头中导致故障。

（2）倒挂循环单链电动葫芦

如图 6-2（b）所示，倒挂循环单链电动葫的机头吊钩悬挂在架体的下吊点上，其弹簧张紧座安装在架体的上端，在上端的弹簧张紧座和下吊点之间设计有两个悬挂中节；上部采用小规格循环链条连接悬挂中节，下部采用大规格链条连接悬挂中节，大、小规格链条均连接到悬挂中节上形成循环链；悬挂中节安装在附着于建筑结构的吊挂件上，两个悬挂中节交替安装在建筑结构的吊挂件上实现架体的升降，如图 6-3 所示。

（a）　　　　　　　　（b）　　　　　　　　（c）

图 6-3　倒挂循环单链电动葫芦安装示例

（a）弹簧张紧装置；（b）悬挂中节；（c）葫芦机头与吊钩

采用倒挂循环单链电动葫芦，架体升降时无需人工逐层重复安装和拆卸，主要技术特点如下：

1）双悬挂中节吊点交替使用，节省时间；

2）上部采用小规格循环链条，减轻整机重量；

3）链条结构简单，容易清理，不易错扭卡链，便于安装；

4）通过弹簧张紧链条，以避免链条囤积卡链，安装过程中要特别注意链条的张紧情况；

5）悬挂中节可 360°旋转，可避免链条错扭。

同样，由于电动葫芦机头倒置，如果链条出入口封闭不严，施工现场的建渣及杂物也容易进入机头中导致故障。

二、电动葫芦的主要技术参数

电动葫芦的主要技术参数	表 6-1
额定载荷（t）	7.5
实验载荷（t）	10
电机功率（W）	500
电源	380V/50Hz
提升速度（cm/min）	12
提升高度（m）	3～9
接线方式	三相四线制

三、电动葫芦的日常维护保养

电动葫芦链条、传动链轮等裸露运动部件应涂机油进行防护和润滑。不应涂抹钙基或锂基润滑脂（俗称"黄油"），润滑脂极易粘连粉尘，对电动葫芦的运转造成卡阻。

每次升降前应检查电动葫芦是否被混凝土污染，若有污染，应清洁后再使用。

电动葫芦每个项目使用完回库后应进行彻底清洁、检修，逐个进行受力运行试验，合格后方可再次投入使用。

第二节　同步控制系统

一、主要组成部分及功能

1. 主要组成部分

附着升降脚手架同步控制系统与电动葫芦和上、下吊点等组成完整的动力升降体系。

同步控制系统由智能主机、智能分机、测力传感器、电源线、传感器信号线、各分机之间的电源连接线、各分机之间的信号连接线、电脑（触摸屏）、遥控器、控制软件等组成，如图6-4所示。

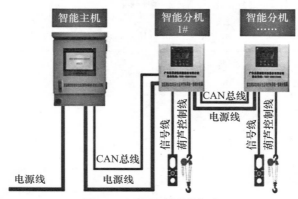

图 6-4 同步控制系统组成

2. 主要功能

附着升降脚手架同步控制系统主要功能有：整体升降控制、单机位升降控制、超载或欠载 15% 时发出声光报警、超载或欠载 30% 时自动停机、数据储存、机位编号、机位分组、紧急停机、一键紧钩、一键脱钩、在线实时监控、可视化监控、用户登录与后台管理等。

二、安装布线与接线

如图 6-5 所示，附着升降脚手架同步控制系统通过动力电源线、通信线分别将电动葫芦、主机、分机、测力传感器、电脑（触摸屏）等连接起来，实现对架体同步控制功能。

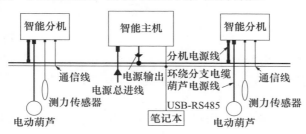

图 6-5 同步控制系统线路示意图

1. 安装总体要求

（1）安全规范，横平竖直，整齐美观；

（2）安装在架体底层或第二步脚手板位置，主机、分机及线缆的安装高度为 1.5m；

（3）施工单位提供的总电源靠近主机，分机靠近电动葫芦，编号对应清晰；

（4）如图 6-6 所示，所有线缆用波纹管、PVC 管或线槽穿套，并用扎带固定在架体上；

图 6-6　线缆穿管、线槽保护

（5）主机与分机、传感器、电动葫芦等应有防雨、防砸等防护设施。

2. 主电缆布线

施工单位将三相五线制的动力电源接驳到楼层中靠近附着升降脚手架智能主机位置的专用总电源箱中，升降架分包单位从该专用总电源箱中取电。在架体基本搭设完成后，开始安装架体上的同步控制系统。

根据每栋楼分组后的每组机位数量确定主电缆线的规格，绕架体一周布好主电缆线，每个机位点预留 30 ～ 50cm 电缆线，用于分机取电。

主电缆布线起点位置优先从架体分组的断口处往两边开始布置，分组断口处的主电缆长度应留有升高一层的富余量（包括转换层层高）。

3. 主机的安装

主机箱的背部有安装扣，可以直接使用螺栓或铁丝、扎带固定在立柱或固定在防护网板上。

（1）总电源进

把工地楼层内的二级配电线引出的五芯电缆（三根火线＋零线＋地线），按照主机内接线排的标签指示，接入主机。

（2）总电源出

电源出线为绕架体一圈的主电缆，按照相同相序接入主机内的断路器上。主机一般有两组断路器，根据实际情况将机位分成两组，以减轻主电缆供电压力，达到负载均衡。

（3）控制线插接

控制线插孔用于接插控制线，其两端带四芯防水航空插头，插头上的箭头必须与插座的位置标记在一个方向。控制线长度一般为 6～8m，在架体分组断口处的控制线长度应留有升高一层的富余量。每台分机标配 1 根控制线，控制线采用一进一出方式连接，出线接入相邻分机的控制插孔中。

（4）通信线插接

通信线插孔用于接插通信线，其两端带四芯防水航空插头。通信线长度约为一般为 6～8m，在架体分组断口处的通信线长度应留有升高一层的富余量。每台分机标配一根通信线，按插孔的凹槽接插，通信线采用一进一出方式连接，出线接入相邻分机的通信插孔中。

4. 分机的安装

分机箱的背部有安装扣，使用螺栓或铁丝、扎带固定在防护网板上。分机通常采用并联的方式连接，一进一出。

（1）电源进线插接

每台分机配一根长度为 2m，两端带防水航空插头的四芯电源线。插头上的箭头必须与插座的位置标记在一个方向。

（2）电机电源插接与直接

每台分机配一根长度 3m，单端带防水航空插头的四芯电机电源线。电机电源线按插孔的凹槽接插，另一端分颜色直接对应接在电动葫芦电机的接线端子上。

（3）通信线进（出）插接

采用接插方式连接通信线。

（4）测力传感器的安装与插接

测力传感器安装在架体的上吊点或下吊点上，传感器的圆孔与架体吊点用销轴连接；另一端与电动葫芦的吊钩连接，直接挂入传感器的长条孔中。

三、调试与控制操作

按照同步控制系统使用说明书的要求进行调试与控制。

1. 调试步骤

（1）主机手动调试。

（2）主机自动功能调试。

（3）分机手动调试。

（4）分机自动控制调试。

（5）分机与电动葫芦联动调试。

2. 控制操作

同步控制系统一般有三种控制操作方式：

（1）电脑（触摸屏）控制，应优先采用电脑智能控制方式；

（2）手动+遥控控制功能，当不能采用电脑控制时，可以采取手动+遥控的控制方式；

（3）遥控+线缆对插控制功能，当上述两种方式不能使用时，可以采用此种方式应急。

应急控制方式保证了无论在何种情况下均可升降作业，不耽误施工进度；电脑控制与手动控制自动切换，当通信成功后，电脑接管分机，手动功能将不起作用；当断开通信，分机自动恢复手动功能。

3. 常见故障分析处理

同步控制系统常见故障、分析与处理详见表 6-2：

同步控制系统常见故障、分析与处理　　　　表 6-2

序号	故障现象	故障分析	故障处理
1	主机无法启动	相序保护继电器未工作;	调换任意两根相线
		断路器是否跳闸;	合闸
2	无 220V 电源	熔断器熔断	更换熔丝
		单漏电开关跳闸	重新合闸
3	主机能手动不能自动	零号分机供电不正常	检查供电
		通信线没连接好	连接好通信线
4	主机能自动不能手动	手持器没插好	插好按下"ON"开关
		启动按钮没连接好	连接好启动按钮
5	找不到分机	分机没有电源供电	给分机供电
		通信线没连接好	连接好通信线
6	能找到分机,不能启动电动机	分机处于手动状态	调到自动状态
		电动葫芦线没接好	连接好电源线
7	电脑不能启动电动葫芦	分机处于手动状态	调到自动状态
		电动葫芦线没接好	连接好电源线
8	传感器检测不到	传感器连接线没连好	连接好传感器线
		传感器线材折断	重新连接
9	程序操作失效	程序跑飞	重新给零号分机供电
		电脑死机	重新启动电脑及程序
10	能手动不能自动	电脑程序、COM 是否正常	重装程序和选择 COM 口
		通信线是否连接好	连接好通信线
		分机是否正常	更换好的分机

4. 操作使用规程

（1）同步控制系统进线须采用三相五线制，地线须连接可靠，电动葫芦地线须可靠连接。

（2）主机及分机的安装高度要符合要求，以方便操作。

（3）使用同步控制系统时，合上电源应注意电源的正反相序，并测试电动葫芦的上升与下降是否与相序一致。

（4）连接好控制系统的各种线缆后，将分机按顺序编好号。

（5）启动控制系统（触摸屏或电脑），自动检测分机的在位运行状态，所控制的分机必须要全部在位。

（6）检测并观察各个机位的重力显示情况，并根据所需控制的实际需要设定标准重力值。

（7）按需要启动分控，电动葫芦运转，重力值在设定的范围内波动，当波动幅度在设定的调整范围内时，同步控制系统应自动根据分控的重力情况启停电动葫芦，调整架体的平衡。

（8）当重力值波动超过设定的停机范围时，所有分控输出停止，电机停转，控制系统（电脑软件或触摸屏）显示引发停机分控编号，此时须检查此机位引发重力异常的原因，并及时解决，待重力正常后才能继续升降。

（9）升降到位时，要及时分别操作调整架体的总体水平。

（10）架体升降到位后，关闭同步控制系统的主机，拉下总电源箱开关，并将总电源箱上锁，以防误操作启动电源。

第七章 附着升降脚手架的日常检查与维护保养

第一节 安全预防措施

一、上吊点的特别安全要求

上吊点是架体与建筑结构的直接连接处，在升降过程中承载机位全部的架体重量，其是否安全可靠直接影响架体的安全性，应符合以下安全要求：

（1）上吊点吊挂件与建筑结构连接必须使用 $\phi30mm$ 高强螺栓，端部用螺母紧固。

（2）上吊点在剪力墙或高度大于 450mm 梁上时必须使用吊挂件或加长吊挂件，且连接牢固。

（3）上吊点吊挂件与墙、梁必须牢固贴紧，下端不得悬空。

（4）阳台部位使用附板悬挑吊挂件时，悬挑后端附板长度不小于两倍阳台宽度，还应采取卸载措施，且加固牢靠。

（5）梁宽小于 200mm，且预埋孔距距梁底小于 300mm 时，严禁在梁上直接设置上吊点，还应采取其他辅助卸载措施。

（6）上吊点吊挂件必须使用定型设计的钢制吊挂件，严禁采用现场临时编制的钢丝绳绳套。

（7）上吊点混凝土强度必须达到要求，不得小于 C20，严禁使用人工掏挖的孔洞。

（8）架体下降时，上吊点预留孔必须逐个检查，预留孔周围混凝土结构如有裂纹、压碎等破坏痕迹时，严禁使用，必须重新开孔。

二、预防恶劣天气技术措施

1. 防雷技术措施

架体在主体施工阶段，是高于建筑物主体的；虽然塔式起重机高度超过架体，但是架体的覆盖面宽，钢结构是良导体，仍是极易遭受雷击的对象，因此避雷措施必不可少。

（1）架体若在相邻建筑物、构筑物防雷保护范围之外，则应安装防雷装置，防雷装置的冲击接地电阻值不得大于 30Ω。

（2）避雷针是简单易作的避雷装置，它可用直径25～48mm，壁厚不小于 3mm 的钢管或直径不小于 16mm 的圆钢制作，顶部削尖，如图 7-1 所示，设在架体四角的外侧立柱顶部，高度不小于 1m，形成避雷引下线。

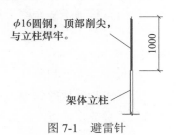

图 7-1 避雷针

（3）在架体上，对应建筑的避雷引线的固定位置，采用铜芯缆线将架体与避雷引线连接起来。

或者，在架体的固定位置，在每次提升工作后，将铜芯缆线直接连接到建筑主体的竖向钢筋上，即依靠竖向钢筋作为建筑的避雷引线。

（4）必须保证架体提升完成后即进行防雷接地的可靠连接，铜芯缆线两端可以采用螺栓压接；也可以采用与避雷针等直径的钢筋焊接的方式，焊缝长度应大于钢筋直径的 6 倍。

（5）架体下降时，架体已处在楼顶避雷针的伞形防雷区内，故无需在架体上再设防雷装置。

（6）注意事项：

1）在每次提升前，必须将架体和建筑物主体防雷连接的铜芯缆线或者焊接钢筋彻底断开，检查确认后，方可进行提升。

2）在施工期间如遇雷雨，架体应停止作业，撤离所有人员。

2. 防冻雨、暴雪天气技术措施

有较大冻雨、暴雪天气预报时，应及时组织人员对架体增加附墙拉结固定。冻雨、暴雪和结冰期间，架体严禁使用和升降作业。暴雪过后应及时组织人员清理架体上过厚的积雪，防止架体载荷过重引起坠落坍塌。当出现上述天气情况后，架体应进行全面检查，无变形和异常情况方可投入使用。

3. 防雷雨、防大风技术措施

雷雨天气和五级以上大风应立即停止架体作业，同时增设临时拉结等安全装置。大风过后要对架体上的脚手板、防护网板等构件认真检查。遇到强风时可提前把安全网板拆开，以减少风荷载对架体的影响。

在沿海等台风多发地区进行升降架施工，应有专人负责关注并发布政府公布的气象预报，并通报全体作业人员，提前采取临时拉结、加固架体、拆除防护网板等针对性加固防台风处理措施，避免因台风发生的安全事故，如图 7-2 所示。

图 7-2　台风安全事故案例

4. 季节性施工安全技术要求

（1）夏季施工安全措施

夏季高温天气施工，应注意防暑降温。根据天气预报发布的高温预报，适时调整露天作业时间，避开高温照射时段作业，避免因高温中暑引发连锁事故。

对高温作业员工配备如下生活设施：生活住房配置空调等降温设施，保证工人舒适休息；施工现场及作业楼层配备防暑药品和防暑饮料。

高温天气易引发火灾事故，应加强易燃物品（如油漆等）的防晒降温管理。

（2）冬期施工安全措施

冬期施工应注意灾害性天气的信息发布，及时防范冻雨、暴雪的危害。

冬期施工结构混凝土的强度必须达到 C20 才能对升降架进行升降作业。施工单位应采用调整配合比、添加早强剂、增温保温等混凝土施工工艺，以确保升降时的混凝土强度达到设计要求，并以书面形式确认并通知升降架分包单位。

5. 雨期施工安全措施

升降架的电气动力系统在阴雨天气容易受潮，发生短路从而导致电气系统故障，无法保证升降脚手架的正常升降，应采取以下措施：

输电线路应穿管，沿架体外排敷设，用扎带与钢丝牢固绑扎。

线管内的导线必须完好、无接头，否则，容易发生短路，并难以查找故障源。如果无法避免接头，则接头一定要规范，并用绝缘防水胶带密封包扎。

每一个分机和总控电箱须有防护设施，防止雨水的进入。

雨后不宜马上提升或下降，待电气设备里的水蒸气挥发干后再开始升降。

第二节　日常检查与维护保养

在使用过程中，应加强对架体、升降机构、附着支承结构、防倾防坠装置、同步控制系统等部分进行日常检查与维护保养。

1. 架体

在升降之前，施工单位派人先清除架体上的垃圾和杂物。清理应自上而下，一步步进行，清理的垃圾应集中堆放在建筑楼层内，严禁向下、向外抛扔倾倒。

在施工过程中应经常观察由于人为因素、机械撞击等原因引起的架体变形情况，发现架体变形应及时进行修复。

检查连接螺栓并紧固。

2. 附着支承结构

清理穿墙螺栓丝杆处的混凝土，修复损坏的螺纹，涂黄油，使螺母拆卸自如。

清理附墙支座上的混凝土，停层卸荷顶撑涂黄油，顶撑丝杆转动调节自如。

检查附墙支座焊缝有无裂纹。

检查加长附墙支座的斜拉杆拉紧程度。

3. 升降机构

检查电动葫芦链条是否有裂纹、断裂或变形受损。

清理导轨、电动葫芦、链条等运动部件上的混凝土杂物。

对电动葫芦链条、钢丝绳、钢丝绳滑轮等部件涂抹润滑油。

检查附墙吊挂座、上吊点、下吊点、导轨等是否紧固和变形。

检查钢丝绳是否有脱股、断头、绳卡松动现象。

4. 防坠装置

防坠装置日常检查和维修保养应注意以下几个方面：

（1）防坠器不得随意更换材料，一定要按照设计选定的材料。

（2）定期对防坠器的活动部位加注润滑油。

（3）应保持防坠器的清洁，特别是防止混凝土的污染。防坠挡臂与导轨防坠挡杆始终保持垂直，其偏差不得大于 3°。

（4）防坠器的修理应经专门培训的维修人员完成，修理后进行防坠制动性能的检测。

5. 防倾覆装置

（1）清理防倾覆装置上的混凝土垃圾，定期给防倾导向轮加润滑油，使防倾导向轮转动自如。

（2）检查防倾导向轮安装螺栓是否紧固。

6. 同步控制系统

（1）及时清理控制箱上的垃圾。

（2）检查电缆线、通信线、数据线布局是否规范，绝缘保护皮是否破裂，有问题及时处理。

（3）检查各插接头是否插紧、紧固。

（4）检查电线接头是否接触良好，绝缘封闭良好。

（5）检查电控箱内电气元件是否潮湿，箱内不得有杂物。

（6）检查控制系统安全设置参数是否改变，改变了要及时调校。

（7）检查电控箱防雨、防潮、接地等保护措施是否完整。

第三节　故障问题、原因分析与处理

一、常见问题、原因分析及处置措施

1. 电动葫芦断链或受损

（1）产生原因

1）大多数情况是在架体升降时，电动葫芦机体内或者下吊钩的链轮间卡有混凝土、石子等杂物，链轮运转时链条节距改变而卡坏链条，如图 7-3 所示。

2）低速环链葫芦运转时有翻链的情况，翻链的链条吞吐受阻被拉坏。

3）电动葫芦链条本身质量缺陷而断裂。

4）提升时架体超重，超过了电动葫芦的额定载荷。

图 7-3　链条断裂或受损示例

（2）处置方法

1）每次升降前应清理链轮内的建筑垃圾，并加油润滑链条。

2）更换电动葫芦整机，或者更换链条。

3）升降前检查电动葫芦链条是否有裂纹和断裂。

4）升降前清理架体上的垃圾、荷载，使架体的重量在安全范围内。

5）升降前清理阻挡架体提升的拉结、其他建筑结构、支模架等障碍。

2. 架体与支模架干涉

（1）产生原因

1）土建施工时支模架向建筑外伸距离太大，并进入升降架架体内。架体在提升时，把模板支撑系统拉坏。

2）建筑结构的局部设计变更，而升降架搭设安装已成型。

（2）处置方法

1）施工单位协调要求木工在支模时控制支模架向建筑外伸出的距离，避免相互干涉。

2）与施工单位协调，设计变更的建筑结构延后施工，或者升降架架体调整。

3. 预埋孔堵塞与遗漏

（1）产生原因

1）预埋时，没有对预埋管的两端进行封闭，导致在浇捣混凝土时，混凝土灌入预埋管内而堵塞。

2）埋设时，预埋管没有固定好，导致在浇捣混凝土时，预埋管移位致使找不到预留孔。

（2）处置方法

1）首先要用胶带将预埋管的两端进行封闭，固定时一定要将预埋管的两端用铁丝与钢筋扎牢。

2）浇捣混凝土时，派专人对预埋管位置进行监护以防振捣棒头将预埋管振坏或振跑位。

3）用水钻理通或者重新开孔。

4. 防坠装置失灵

（1）产生原因

1）附墙支座上的防坠装置内漏入混凝土等杂物，内部运动机构失灵而不起制动作用。

2）由于土建胀模或爆模，附墙支座未垂直紧贴建筑结构，使防坠装置的触发件与导轨的防坠挡杆不接触，没有防坠制动作用。

（2）处置方法

1）在结构施工时，对防坠装置进行防污染保护，特别是制动位置要有防止混凝土和建筑垃圾进入的防护设施。

2）每次升降前要检查和清理附墙支座上的建筑垃圾。

3）防坠装置的触发件、制动件与导轨防坠挡杆在设计上科学合理，适应性应强，以满足土建一定程度的胀模或爆模后附墙支座的安装偏差。

4）附墙支座用钢板等垫平附墙支座安装面。

5. 荷载控制器失灵

（1）产生原因

1）荷载控制器的变送器受潮，接线被人为拉断而荷载控制器不起作用。

2）控制器损坏。

3）传感器损坏。

（2）处置方法

1）为防止荷载控制器的变送器受潮，应当有防雨措施并对线路经常检查，发现问题及时修复。

2）用电吹风烘干受潮的控制器。

3）接好电线或更换，接插件打胶防水处理。

4）更换损坏的控制箱或传感器。

6. 附着处建筑结构被破坏

（1）产生原因

1）混凝土强度未达到设计值。

2）预埋孔离梁底距离过低，不符合设计要求值。

3）预埋孔处梁的截面厚度不够，不符合设计要求值。

4）梁内的配筋偏少，独立受力点不能承受架体的荷载。

5）由于故障或影响架体提升的障碍物未被及时排除，导致个别机位受力过大，超过了梁的承载力，导致梁被破坏。

6）由于同步控制系统故障，未能及时对超载机位停机，超过了梁的承载力，导致梁被破坏。

附着处梁、板等建筑结构被破坏情形如图 7-4 所示。

（2）处置方法

1）提升前施工单位确认结构梁的混凝土强度，强度达到设计值才可提升。

2）预留孔位置距梁底应变不小于200mm，孔两侧要有箍筋，必要时需经设计院复核验算，梁底增设受拉钢筋。

3）及时排除附墙支座、导轨以及架体等相对运动构件上的障碍物。

4）调校同步控制系统，确保灵敏可靠。

图7-4 附着处建筑结构被破坏示例

二、安装过程中的问题及处置措施

（1）支承基础架搭设不规范，升降架架体安装后导致基础架变形或失稳。

应急措施：

1）搭设负责人应通知立即停止后续安装作业；

2）在确保安全的情况下将变形处架体拆除，并对架体进行检查，及时更换变形构件；

3）对已完成安装的架体及基础架进行检查，确保无明显异常情况；

4）对变形部位基础架进行拆除，重新对其进行设计计算，并重新搭设，搭设完成重新组织验收，合格后方可进入下道工序。

（2）吊装架体的模块单元荷载超过塔式起重机起重量极限。

应急措施：

1）搭设负责人在安装作业前必须掌握塔式起重机不同幅度区域的起重量极限，并合理分配安装吊装架体模块单元；

2）塔式起重机在起吊架体单元时应先将吊物吊离地面 $200 \sim 500mm$ 后，检查塔式起重机性能，待吊物稳定后方可起吊，如重量限制器报警则暂停起吊；

3）吊装过程中随幅度变化接近塔式起重机起重量极限时，应缓慢控制塔式起重机小车行进，并将架体单元落至原起吊区域；

4）结合塔式起重机的技术参数重新对架体模块单元进行划分后方可进行安装。

（3）安装过程遇恶劣天气情况。

应急措施：

1）立即停止安装工作；

2）对正在吊装的架体单元应在确保安全的前提下，吊落至安全区域；

3）对已安装完毕及安装过程中的架体采取与结构拉结的措施，满足附墙支座安装条件的，应及时安装附墙支座。

三、升降过程中的问题及处置措施

（1）升降作业时，架体上存在站人或堆载情况，或由于操作人员未完全清理运行轨迹中的障碍物，导致架体升降过程中碰撞变形。

应急措施：

1）每次升降作业前，必须对架体上人员、材料及其他影响架体升降的障碍物进行检查和清理，并组织总包、监理单位对架体提升条件进行验收，验收合格后方可开始升降作业；

2）提升过程中发现架体上存在异常情况需立即暂停提升，并对架体上人及材料进行清理后方可继续提升；

3）如升降过程中发生碰撞，需立即停止升降，并对架体进行全面检查，及时排除障碍物，并对已变形构件进行校正或更换。

（2）升降过程中突然断电。

应急措施：

1）立即关闭架体用电总开关及各机位的控制箱电源；

2）立即安装附墙支座及其他加固措施；

3）做好临边及底部防护措施；

4）联系电工对现场配电系统及架体电路进行排查，确认断电原因及来电时间。

（3）升降过程中，由于旁站人员不足或同步装置失效等原因，导致架体未同步提升，相邻机位高差超过规范要求。

应急措施：

1）升降作业需配备充足的操作人员，升降过程合理分工对每个机位进行看护；

2）如架体出现不同步提升状况，需立即暂停架体升降，对架体各机位进行全面排查，确认不同步的原因；

3）对同步装置进行维修或更换，恢复后对未同步机位进行单个机位的架体微调，待调整同步后方可继续进行升降作业。

（4）升降过程中电动葫芦或其他构件发生故障或损坏。

应急措施：

1）应立即停止架体升降，如强行运行则会发生架体变形或结构拉裂等状况。

2）对电动葫芦进行检查排障。如需更换，应将故障位置处导轨采用钢丝绳等方式临时拉结到结构上，钢丝绳受力后，将电动葫芦缓慢卸力拆卸，更换备用电动葫芦，调试预紧后，方可继续使用。

3）对架体进行全面排查，对发生故障的构件进行维修或更换。

（5）升降过程中导轨与附墙支座间形成夹角，操作人员未及时发现导致混凝土拉裂现象。

应急措施：

1）当架体发生剧烈振动或异响时，应立即停止升降作业；

2）立即安排人员检查异常原因；

3）对拉裂部位混凝土进行修复或加固；

4）对架体垂直度进行复核并调整，检查附墙支座及吊点安装是否合理。

（6）升降过程中由于翻板打开导致杂物从缝隙中坠落。

应急措施：

1）每次升降作业前施工单位必须先对架体上杂物进行清理；

2）升降过程中，架体下方需设置警示区，禁止人员进入施工及通行；

3）架体升降所覆盖的范围内，禁止人员作业。

（7）提升前由于工期或气候原因导致混凝土强度不满足提升要求的。

应急措施：

1）禁止提升作业；

2）待混凝土强度达到设计要求后方可进行提升作业。

（8）附墙支座因障碍物或预埋孔偏位等原因无法安装。

应急措施：

1）清除影响附墙支座安装部位的障碍物；

2）如暂时无法安装，则架体必须采取其他措施与建筑结构进行拉结，防止架体倾覆；

3）如预埋孔偏位应立即重新开孔，确保附墙支座全部安装。

（9）因附墙支座安装不正或预埋孔位不准，导致升降作业过程中导轨等构件变形。

应急措施：

1）升降作业前必须检查所有附墙支座是否安装到位，如存在附墙支座未安装严禁升降作业；

2）对已变形的构件使用手拉葫芦进行校正，附墙支座预埋孔位不准的需重新开孔安装；

3）重新检查架体升降条件，确认无异常后方可继续进行升降作业。

（10）升降过程中遇到恶劣天气。

应急措施：

1）如遇五级及以上大风天气应立即停止升降作业，切断架体用电总开关及各机位的控制箱电源，并安装附墙支座，同时增设其他拉结措施，防止架体倾覆；

2）如遇雷雨天气时应立即停止升降作业，切断架体用电总开关及各机位的控制箱电源，并安装附墙支座，待天气好转后方可继续升降作业；

3）对暂停升降作业的架体，应对底部翻板进行封闭恢复，并对存在安全风险的部位采取必要的防护及警示措施。

四、使用过程中的问题及处置措施

（1）土建施工班组因架体构件影响而擅自拆卸或损坏爬架构件。

应急措施：

1）在使用过程中需经常性对架体进行安全检查，发现此类问题升降架专业分包单位应立即进行恢复，同时向施工单位反映；

2）参与土建结构施工工艺分析，确定架体构件被拆除的原因，并采取必要的措施或工艺改进以避免类似问题再次发生。

（2）使用过程中遇恶劣天气。

应急措施：

1）使用时需密切关注天气变化，如有异常天气预警需及时作出对应措施；

2）如遇强降雨天气需检查架体用电总开关是否关闭；

3）如遇六级及以上大风天气，需及时对架体上杂物进行清理，对架体附墙装置、防倾防坠装置、翻板等进行检查，确保无异常，同时架体应采取必要措施与结构进行拉结；

4）如遇暴雪天气时，需及时安排人员清理架体上的积雪，以减少架体荷载。

（3）架体上作业人员违规堆载或在架体上吊运材料导致架体变形。

应急措施：

1）立即清理架体上违规堆放的材料；

2）对架体变形部位的构件进行加固校正或更换；

3）加强对模工、混凝土工班组以及塔式起重机操作人员安全教育，严禁在架体上堆放材料。

（4）使用过程中发现防坠装置失灵。

应急措施：

1）立即要求暂停架体上人作业；

2）同时对架体进行全面的安全检查，确认是否存有其他安全隐患；

3）对失灵的防坠装置进行维修或更换，整改完成后方可继续使用。

（5）架体因违规动火作业导致火灾事故。

应急措施：

1）架体上应配备消防器材，发生初期火险时应立即消除火灾隐患；如火势过大需立即确认启动火灾应急预案，及时确认架体用电总开关是否关闭；

2）严格落实动火制度，动火点应设置监火人及消防器材，防止发生火灾事故。

五、拆除过程中的问题及处置措施

（1）拆除时遇恶劣天气。

应急措施：

1）立即停止拆除作业，已吊装的架体单元在确保安全的情况下吊落至安全区域；

2）架体与结构采取相应的加固措施，对于已拆除的安全设施应立即恢复；

3）清理架体上堆放的活动构件，防止因大风导致高空坠物；

4）拆除人员撤离，并对存在安全风险的部分进行必要的防护及警示措施。

（2）拆除时架体单元分组过大，导致荷载超过塔式起重机在该幅度的最大起重量。

应急措施：

1）在拆除方案中预先考虑塔式起重机的起重性能，合理设计拆除的架体单元大小；

2）严格根据拆除方案实施架体单元的分割和起吊，严禁超载吊装。

（3）在架体上违章堆放拆除构件，随架体单元一并吊装。

应急措施：

1）立即制止作业人员违章行为，架体单元在起吊前不得在架体上堆放任何活动的构件；

2）架体单元上的构件起吊前均应连接成整体，防止在吊运过程中脱落；

3）所有小型配件不得随架体单元一起吊装，应传递至建筑楼层内利用施工电梯转运。

第八章　附着升降脚手架的危险源辨识、故障排除与应急处置

第一节　施工过程中的危险源辨识与分析

附着升降脚手架的危险源应从安装、提升、下降、使用和拆除全过程来辨识危险源，危险源辨识后应对隐患进行排除并制定应对措施。

一、升降架全过程危险源辨识

（1）底部支承基础是否牢固，是否需要增加连墙拉结点和斜撑卸荷杆件。

（2）高空作业人员是否佩戴了安全帽，是否背好了安全带，架体上堆放的物料是否稳固可靠，特别是短钢管与扣件，以防坠人坠物。

（3）吊装时左右是否设置了临时吊装杆件，是否安装牢固可靠。

（4）安装附墙支座时混凝土是否达到强度要求，附着螺栓组件的安装是否符合要求，承传力是否可靠。

（5）防坠装置是否灵活，吊挂系统是否牢固可靠。

（6）提升时，是否有无关人员进入架体，架体上的物料是否已清除，架体下方是否设置警示牌、警戒线，并禁止人员进入。

（7）是否在五级（含五级）以上大风和大雨、大雪、浓雾和雷雨等恶劣天气进行升降架的升降和拆卸。

（8）卸料平台的设置是否合理，受力是否直接连接到结构

上，卸料平台有没有限载标志。

（9）附墙支座的数量是否符合要求，安装是否规范，承传力是否可靠。

（10）各机位高差是否在安全范围以内，是否出现变形或高差过大的情况。

（11）架体提升过程中，是否遇到刮卡或拉力突增、突减等情况。

（12）电动葫芦在使用过程中是否出现异响或打滑的情况，葫芦链条是否有咬伤情况。

（13）架体每次提升后底部封闭是否可靠，立面和断开面的封闭是否严密。

（14）总控箱开关的操纵是否是指定的专人，电气线路的维护驳接是否是指定的专人。

（15）架体拆除过程中，是否先拆除了连墙拉结点或附着件，是否设置了警戒区域并派专人看管。

（16）架体上作业时，禁止乱扔烟头。在电焊和切割时，应防止火星四溅，是否设置接火盆。

（17）应安全文明用电，严禁在升降架上私自架设动力、照明电源线。确保用电安全，防止触电事故发生。

二、制定危险源相应的控制措施

按照安全技术操作规程，对每个环节由现场班组、安全员、生产和安全负责人进行检查，发现问题及时整改，以确保每个危险源得到及时的辨识和控制（表 8-1、表 8-2）。

危险源辨识与控制措施 表 8-1

序号	危险源	可能导致的事故	控制措施
1	架体安装、拆除过程	人员坠落、高空坠物引发人员伤亡事故	1. 严格控制作业人员的作业资格、施工资质，严禁无证等违章作业。 2. 作业前进行安全技术交底严格按升降架安全技术操作规程要求操作。

序号	危险源	可能导致的事故	控制措施
1	架体安装、拆除过程	人员坠落、高空坠物引发人员伤亡事故	3. 做好安全防护日常检查与维护。 4. 加强安全检查，及时发现纠正、制止违章行为
2	提升、下降过程	葫芦断链引发架体坠落、结构破坏引发设备损坏及人员伤亡	1. 严格要求作业人员按操作规程作业。 2. 作业前、作业中认真做好检查工作，确保满足安全要求方可。 3. 做到安全、文明施工，出现问题及时解决
3	使用过程	架体超载、被刮碰、大风、物体打击、引发架体破坏、架体配件破坏、架体变形、人员伤亡事故	1. 做好使用班组的安全交底工作，严格控制架体上的物料。 2. 及时检查防护设施的完好性与有效性。 3. 架体使用中及时关注天气情况，做好架体与结构件的拉结。 4. 加强塔式起重机吊运物料的安全控制
4	升降用电	触电、火灾引发设备破坏、人员伤亡事故	1. 安装、维修必须由持有效证件的人员进行；做好用电人员的安全用电交底。 2. 提高安全操作意识按《施工现场临时用电安全技术规范》安装、验收、使用。 3. 及时检查漏电保护设备的灵敏可靠性，及更换。 4. 配备足够的有效消防器材
5	电动葫芦使用	机械损坏、人员伤亡	1. 电动葫芦看护人员必须经培训，并对电动葫芦的性能及熟悉正确的使用方法。 2. 电动葫芦运转中必须有专人看护，且在视线有效范围内。 3. 电动葫芦等必须按要求定期进行维护保养，严禁带病运转。 4. 电动葫芦运转中严禁进行保养及维修，维修过程中严禁用手代替工具

危险因素及分析

表 8-2

序号	危险因素	发生时间及部位	预防措施
1	高处坠落	1.找平、架体搭设过程中。 2.水平支承桁架的组装过程中。 3.主框架的安装与校正过程中。 4.附墙支座安装过程中。 5.紧邻阳台、飘窗板及结构层局部变化的特殊部位作业过程中。 6.架体与结构件空隙大于安全要求的部位。 7.升降后的架体端部	1.加强作业人员的安全教育，作业过程中，按要求正确佩戴、使用劳动防护用品，做到"三不违章"。 2.完善临边、洞口等危险部位的防护措施，并经常检查，发现缺损、丢失等隐患及时落实人员进行修补、整改。 3.隐患整改完成必须进行复查，合格后方可使用。 4.设置明显的安全警示标志，升降架按要求设置警示标志
2	物体打击	1.从架体组装起直至架体拆除完毕全过程中，架体的底部作业人员、在架体上进行作业的人员及架体顶部作业层其他作业人员。 2.材料吊运过程中物体的下面	1.完善各危险部位的防护设施并经常检查其完整性和有效性。 2.对检查中发现存在的安全隐患及时落实人员进行整改。 3.严格控制架体上的物料重量必须在安全荷载允许范围内，且不得集中堆放，松散材料必须装在容器内。架体上不得堆放钢管、扣件、木方及其他小型工具。 4.架体上的工具、用具及混凝土块和建筑垃圾等必须及时清理干净。 5.架体升降过程中架体底部必须划出警戒区，拉上警戒绳、悬挂警示标语
3	机械伤害	1.材料进出场装卸车。 2.架体升降行运中，运动物体与运动物体间接触部位、运动物体与静止物体间接触部位（如：主框架与附着支座等）	1.必须具有作业资格的人员进行施工作业。 2.作业前进行安全技术交底，经常性开展作业人员的安全教育，作业过程中按要求正确佩戴、使用劳动保护用品。 3.夜间装卸车是必须要有足够的照明，听从指挥人员指挥。

序号	危险因素	发生时间及部位	预防措施
3	机械伤害	1. 材料进出场装卸车。 2. 架体升降行运中，运动物体与运动物体间接触部位、运动物体与静止物体间接触部位（如：主框架与附墙支座等）	4. 机械保养、维修时严禁用手代替用具操作。 5. 机械设备运行中严禁进行维护保养和维修
4	触电	1. 非安全电压电源线缆布置区域。 2. 各用电设备处。 3. 电器开关控制箱处	1. 电气安装、维修必须由持有相应专业《特种作业人员操作证》的人员进行。 2. 经常检查电缆、动力设备绝缘性能，并及时修复破损部位，确保其绝缘性能。 3. 做好各电气设备的防砸、防水、防雷措施
5	坍塌	升降架架体内及下面所有区域	1. 经常检查维护设备、设施的可靠性。 2. 架体运行中要仔细观察升降系统构件是否出现异常及各附着受力点处结构是否出现裂纹等损坏情况

第二节　应急处置措施

一、机构与职责

为了贯彻实施"安全第一，预防为主"的安全方针，应根据危险性较大工程的现场环境、设计要求及施工方法等工程特点进行危险源辨识与分析，以及采取相应的预防措施及救援方案，提高整个项目部对事故的整体应急能力和紧急救援反应速度和协调水平，确保发生意外事故时能有序地应急指挥，有效地保护员工的生命、企业财产的安全、保护生态环境和资源，把事故损失降低到最小程度，最大限度地保障工人的生命财产安全，结合分包单位和工地的实际情况，制定应急预案。

1. 应急领导小组职责及物资

（1）领导各单位应急小组的培训和演习工作，提高其应变能力。

（2）当施工现场发生突发事件时，负责救险的人员、器材、车辆、通信联络和组织指挥协调。

（3）负责配备好各种应急物资和消防器材、救生设备和其他应急设备（表 8-3）。

应急物资

表 8-3

名称	单位	数量	存放位置
急救车辆	辆	1	项目部
安全帽	个	20	项目部
安全带	条	20	项目部
警戒带	条	10	安全部
手电筒	把	10	项目部
对讲机	个	10	项目部
应急医药箱	个	2	项目部
氧气袋	个	5	项目部
氧气瓶	套	2	项目部
担架	副	2	项目部

（4）发生事故要及时赶到现场组织指挥，控制事故的扩大和连续发生，并迅速向上级机构报告。

（5）负责组织抢险、疏散、救助及通信联络。

（6）组织应急检查，保证现场道路畅通，对危险性大的施工项目应与当地医院取得联系，做好救护准备。

2. 培训和演练

（1）项目部安全负责人主持、组织项目部每年进行一次按各类事故"应急响应"的要求进行模拟演练。各组员按其职责分工，协调配合完成演练。演练结束后由组长组织对"应急响应"的有效性进行评价，必要时对应急响应的要求进行调整或更新。演练、评价和更新的记录应予以保持。

（2）施工管理部负责对相关人员每年进行一次培训。

（3）针对防汛、防大风，训练科目包括：装沙袋、开水泵、试发电机、物资调运、抢修、保护设备、人员救护、安全保卫等；

（4）火警电话：119；急救电话：120。

（5）信息发布与员工教育：

1）由救援小组长根据各阶段的实际情况，经总指挥同意后，通过正常渠道，多种形式发布相关信息。

2）平时在宣传教育上要增加防范意识，当正常进入预案状态时，所有工作均由组长统一指挥行动。

3）由组长做好每次员工演练的情况记录，对估计不足的问题及时更正，坚持好的方面，并加以推广。

二、事故应急响应预案

1. 坍塌事故应急预案

（1）预防坍塌事故发生，项目部成立领导小组，由项目经理担任组长，施工员及安全员，各班组长为组员，主要负责紧急事故发生时有条有理的进行抢救或处理，其他人员做协助工作。

（2）发生坍塌事故后，由项目经理负责现场总指挥，发现事故发生首先高声呼喊，通知现场安全员，由安全员打事故抢救电话"120"，向上级有关部门或医院打电话求救，班组长组织有关人员清理土方或杂物，如有人员被埋，应首先按部位进行人员抢救，其他组员采取有效措施，防止事故发展扩大。还应安排专人随时监护边坡状况，及时清理边坡上堆放的材料，防止次生事故的发生。在向有关部门通知抢救的同时，对轻伤人员在现场采取可行的应急抢救，如现场包扎止血等。防止受伤人员流血过多造成死亡事故。预先成立的应急小组人员分工，各负其责，重伤人员由水、电工协助送外抢救，值勤门卫在大门口迎接来救护的车辆。

（3）如果发生脚手架坍塌事故，按预先分工进行抢救，架子班组长组织所有架子工进行倒塌架子的拆除和拉牢工作，并防止其他架子的倒塌，如有人员被砸，应首先清理抢救被砸人员。如事故严重，应立即报告公司安全科，并请求启动公司级应急救援预案。

2. 倾覆事故应急预案

（1）如果有倾覆事故发生，首先由旁观者在现场高呼，提醒现场有关人员，立即通知现场负责人，由安全员负责拨打应急救护电话"120"，通知有关部门和附近医院，到现场救护。现场总指挥由项目经理担当，负责全面组织协调工作。施工员亲自带领有关班组长，分别对事故现场进行抢救，如有重伤人员由专人负责送外救护。电气应先切断相关电源，防止发生触电事故。门卫值勤人员在大门口迎接救护车辆及人员。

（2）其他人员协助生产负责人清理现场，抬运物品，及时抢救被砸人员或被压人员，最大限度的减少受伤程度，如有轻伤人员可采取简易现场救护工作，如包扎、止血等措施，以免造成重大伤亡事故。

（3）如有脚手架倾覆事故发生，按小组预先分工，各负其责。架子班组长应组织所有架子工，立即拆除相关脚手架，其他人员应协助清理有关材料，保证现场道路畅通，方便救护车辆出入，以最快的速度抢救伤员，将伤亡降到最低。如事故严重，应立即报告公司安全科，并请求启动公司级应急救援预案。

3. 物体打击事故应急预案

（1）预防物体打击事故发生，项目部成立领导小组，由项目经理担任组长，施工员及安全员、各班组长为组员，主要负责紧急事故发生时有条不紊地进行抢救或处理，其他人员协助施工员做相关辅助工作。

（2）发生物体打击事故后，由项目经理负责现场总指挥，发现事故发生人员首先高声呼喊，通知现场安全员，由安全员打事故抢救电话"120"，向上级有关部门或医院打电话求救，同时通知生产负责人组织紧急应变小组进行可行的应急抢救，如现场包扎、止血等措施。防止受伤人员流血过多造成死亡。预先成立的应急小组人员分工，各负其责，重伤人员由水、电工协助送外抢救工作，值勤门卫在大门口迎接来救护的车辆，有程序地处理事故、事件，最大限度地减少人员和财产损失。如事故严重，应立即报告公司安全科，并请求启动公司级应急救援预案。

4. 机械伤害事故应急预案

同"物体打击事故应急预案"。

5. 触电事故应急预案

（1）脱离电源对症抢救

当发生人身触电事故时，首先使触电者脱离电源。迅速急救，关键是"快"。

（2）对于低压触电事故，可采用下列方法使触电者脱离电源。

1）如果触电地点附近有电源开关或插销，可立即拉开电源开关或拔下电源插头，以切断电源。

2）可用有绝缘手柄的电工钳、干燥木柄的斧头、干燥木把的铁锹等切断电源线，也可采用干燥木板等绝缘物插入触电者身下，以隔离电源。

3）当电线搭在触电者身上或被压在身下时，也可用干燥的衣服、手套、绳索、木板、木棒等绝缘物为工具，拉开提高或挑开电线，使触电者脱离电源。切不可直接去拉触电者。

（3）对于高压触电事故，可采用下列方法使触电者脱离电源：

1）立即通知有关部门停电。

2）戴上绝缘手套，穿上绝缘鞋，用相应电压等级的绝缘工具按顺序拉开开关。

3）用高压绝缘杆挑开触电者身上的电线。

（4）触电者如果在高空作业时触电，断开电源时，要防止触电者摔下来造成二次伤害。

1）如果触电者伤势不重、神志清醒，但有些心慌、四肢麻木、全身无力或者触电者曾一度昏迷，但已清醒过来，应使触电者安静休息、不要走动，并对其严密观察。

2）如故触电者伤势较重，已失去知觉，但心脏跳动和呼吸还存在，应将触电者抬至空气畅通处，解开衣服，让触电者平直仰卧，并用软衣服垫在身下，使其头部比肩稍低，以免妨碍呼吸，如天气寒冷要注意保温，并迅速送往医院。如果发现触电者呼吸困难，发生痉挛，应立即准备对心脏停止跳动或者呼吸停止后的抢救。

3）如果触电者伤势较重，呼吸停止或心脏跳动停止或二者都已停止，应立即进行口对口人工呼吸法及胸外心脏按压法进行抢救，并送往医院。在送往医院的途中，不应停止抢救，许多触电者就是在送往医院途中死亡的。

4）人触电后会出现神经麻痹、呼吸中断、心脏停止跳动、呈现昏迷不醒状态，通常都是假死，万万不可当作"死人"草率从事。

5）对于触电者，特别高空坠落的触电者，要特别注意搬运问题。很多触电者，除电伤外还有摔伤，搬运不当，如折断的肋骨扎入心脏等，可造成死亡。

6）对于假死的触电者，要迅速持久地进行抢救，有不少触电者，是经过四个小时甚至更长时间的抢救而抢救过来的。有经过六个小时的口对口人工呼吸及胸外挤压法抢救而活过来的实例。只有经过医生诊断确定死亡，才能够决定停止抢救。

6. 高空坠落事故应急预案

一旦发生高空坠落事故，由安全员组织抢救伤员，项目经理打电话"120"给急救叫中心，由班组长保护好现场防止事态扩大。其他小组人员协助安全员做好现场救护工作，水、电工协助送伤员外部救护工作，如有轻伤或休克人员，由安全员组织临时抢救、包扎止血或做人工呼吸或胸外心脏按压，尽最大努力抢救伤员，将伤亡事故控制在最小范围内，值勤门卫在大门口迎候救护车辆。如事故严重，应立即报告公司安全科，并请求启动公司级应急救援预案。

7. 火灾事故应急预案

（1）为避免火灾发生，在爬架上设置 8 台灭火器。发生火灾时应立即报警。当接到发生火灾信息时，应确定火灾的类型和大小，并立即报告防火指挥系统，防火指挥系统启动紧急预案。指挥小组要迅速拨打"119"火警电话，并及时报告上级领导，便于及时扑救处置火灾事故。

（2）组织扑救火灾。当施工现场发生火灾时，应急准备与响应指挥部除及时报警，并要立即组织基地或施工现场义务消防队员和职工进行火灾扑救，义务消防队员选择相应器材进行扑救。扑救火灾时要按照"先控制，后灭火；救人重于救火；先重点，后一般"的灭火战术原则。派人切断电源，接通消防水泵电源，组织抢救伤亡人员，隔离火灾危险源和重点物资，充分利用项目中的消防设施器材进行灭火。

灭火组：在火灾初期阶段使用灭火器、室内消火栓进行火灾扑救。

疏散组：根据情况确定疏散、逃生通道，指挥撤离，并维持秩序和清点人数。

救护组：根据伤员情况确定急救措施，并协助专业医务人员进行伤员救护。

保卫组：做好现场保护工作，设立警示牌，防止二次火险。

（3）人员疏散是减少人员伤亡扩大的关键，也是最彻底的应急响应。在现场平面布置图上绘制疏散通道，一旦发生火灾等事故，人员可按图示疏散撤离到安全地带。

（4）协助公安消防队灭火：联络组拨打 119、120 求救，并派人到路口接应。当专业消防队到达火灾现场后。火灾应急小组成员要简要向消防队负责人说明火灾情况，并全力协助消防队员灭火，听从专业消防队指挥，齐心协力，共同灭火。

（5）现场保护。当火灾发生时和扑灭后，指挥小组要派人保护好现场，维护好现场秩序，等待事故原因和对责任人调查。同时应立即采取善后工作，及时清理，将火灾造成的垃圾分类处理以及采取其他有效措施，使火灾事故对环境造成的污染降到最低限度。

8. 台风事故应急预案

（1）"防患于未然"，在得知台风预警后应立即采取防台风相应措施，防止台风造成对人员损伤和设备损坏的情况发生。

（2）台风可能造成坍塌、倾覆等事故，须按照以上相应事故预案组织事故救援。

9. 高温中暑的应急处理

（1）应迅速将中暑人员移至阴凉的地方。解开衣服，让其平卧，头部不要垫高。

（2）降温：用凉水或50%酒精擦其全身，直至皮肤发红，血管扩张以促进散热。降温过程中必须加强护理，密切观察体温、血压和心脏情况。当肛温降到38℃左右时，应立即停止降温，防止虚脱。

（3）及时补充水分和无机盐。能饮水患者应鼓励其喝足凉水或其他饮料；不能饮水者应静脉补液，其中生理盐水约占一半。

（4）及时处理呼吸循环衰竭。

（5）转院：医疗条件不完善时，应及时送往就近医院，进行抢救。

（6）其他人身伤害事故处理：

发生高空坠落、被高空坠物击中、中毒窒息和机具伤人等而造成人身伤害时：

1）向项目部汇报。

2）应立即排除其他隐患，防止救援人员遭到伤害。

3）积极进行伤员抢救。

4）做好伤者的善后工作，对其家属进行抚恤。

10. 突发停机事故应急处理和预防措施

（1）升降架升降过程中葫芦链条断裂，造成提升停止，由于机位本身应具有可靠的防坠落装置，同时在每个机位设置有重力遥控装置，应保证架体不会往下坠落。该突发事件发生后，所有机位的电动机应立即自动停机，此时部分操作人员立即更换提升设备，部分操作人员应注意观察相邻机位的情况。

预防措施：每次升降前对提升动力和链条进行全面维护保养，发现异常，立即更换处理。

（2）使用中架体构配件焊缝开裂、破坏等。架体使用中应定期进行外观检查。发现构配件焊缝开裂、破坏的，能立即更换的应该立即更换，不能更换的应加固并焊接牢固使之符合使用要求。

预防措施：升降架构配件进场前对构配件进行全面检查，合格后方可使用，高层附着升降脚手架系统每次爬升前后应该对其构配件进行全面的检查，发现不合格的构件应该立即更换或整修直到合格。

（3）突发停机事故应急处理流程图（图 8-1）

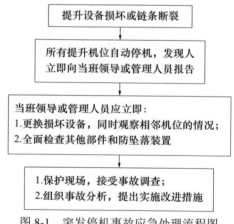

图 8-1 突发停机事故应急处理流程图

三、事故处理

事故调查组提出事故处理意见和防范措施建议，项目经理部负责落实处理。

因忽视安全生产、规章作业，违章指挥、玩忽职守或发现事故隐患而不采取有效措施以至造成伤亡事故，由企业主管部门给予企业负责人和直接责任人员行政处分，构成犯罪的移送司法机关追究刑事责任。

按照事故"四不放过"原则处理一切安全事故。

第九章　附着升降脚手架事故案例分析

第一节　案例分析（一）

一、事故简介

2002年11月9日，重庆市沙坪坝区某广场E栋发生一起附着式脚手架坍塌事故，造成4人死亡。

二、事故发生经过

重庆市沙坪坝区某广场E栋工程，由重庆某建筑公司承建，北京某工程监理部监理，该工程外脚手架采用了附着升降脚手架。

2002年11月9日脚手架的附着高度在工程的17层至19层，此脚手架附着支撑形式为"吊拉式"，随脚手架的升降，其斜拉杆的悬吊位置也需随之进行改变。当作业人员将1号主框架拉杆逐渐拆除到5号主框架时，脚手架主框架便从1号主框架依次向5号主框架倒塌过来，造成4名作业人员随脚手架坠落死亡。

三、事故原因分析

1. 技术方面

操作人员违章作业。此种脚手架属侧向支撑结构，架体荷载通过主框架、斜拉杆及附墙架传给建筑结构。在改变斜拉杆位置时，作业人员应该先进行一榀主框架拉杆拆除，并按新位置将附墙支架固定后，才能进行另一榀主框架的拆除和固定。而作业人员采取了将数榀主框架附墙架同时拆除的方法，使脚手架支撑点明显减少，造成架体失稳倒塌。

附着升降脚手架质量不合要求。此附着升降脚手架的附墙支架及吊环经改造加长后，焊缝未达到设计和规范要求，未经检查确认就盲目使用，受力后导致破坏，使脚手架失去支撑坍塌。

2. 管理方面

脚手架违章使用。按照规定：脚手架在升降和使用情况下，应确保每一主框架的附着支撑不得少于三处。而该脚手架没有严格执行交接验收，致使作业人员随意上下，在脚手架没有足够的附着支撑情况下安排人员上架作业，导致脚手架失稳。

以上可以看出，从脚手架设计制作、施工管理以及作业人员操作都存在严重问题，导致了这次事故的发生。

四、事故结论与教训

附着升降脚手架虽有较大的经济效益，但是因设计、制造和使用有严格的规定，不按照有关规定严格执行，也具有较大的发生事故的危险，各地都有不少教训。为此，我国专门研究颁发了《建筑施工附着升降脚手架管理暂行规定》（建建〔2000〕230号），要求各地必须严格执行，而重庆某建筑公司未认真贯彻执行。

第一，该公司现场管理混乱，违章作业不能制止。

作业人员已施工到17～19层高度时，仍违反规定蛮干，一次拆除5榀主框架附墙架，由此可见，蛮干、违章并非偶然，只是过去违章未造成事故，所以没有引起施工管理人员的注意和进行制止，最终导致发生事故。

第二，没有遵守脚手架在组装后应经验收确认符合规定时方能使用，且每次升降到位时仍必须经检查验收，确认符合安全时才能上人作业的规定。

该脚手架附墙架改造加长后焊缝不合格就使用，说明施工管理未按规定验收检验。脚手架未按规定进行附着便随意上人，说明现场始终没有贯彻先经验收确认后再上人作业的安全要求。

第二节 案例分析（二）

一、事故概况

2019年3月21日13时10分左右，扬州中航宝胜海洋电缆工程项目101a号交联立塔东北角16.5～19层处附着升降脚手架下降作业时发生坠落，坠落过程中与交联立塔底部的落地式脚手架相撞，如图9-1所示，造成7人死亡、4人受伤。事故发生后，扬州市委市政府立即启动应急预案，组织应急管理、住建、消防、卫健等相关部门展开救援工作，全力抢救受伤人员。

图9-1 扬州3.21附着升降脚手架坠落事故

二、事故原因和性质

1. 直接原因

违规采用钢丝绳替代爬架提升支座，人为拆除爬架所有防坠器防倾覆装置，并拔掉同步控制装置信号线，在架体邻近吊点荷载增大，引起局部损坏时，架体失去超载保护和停机功能，产生连锁反应，造成架体整体坠落，是事故发生的直接原因。作业人员违规在下降的架体上作业和在落地架上交叉作业是导致事故后果扩大的直接原因。

2. 间接原因

（1）项目管理混乱。一是建设单位未认真履行统一协调、管理职责，现场安全管理混乱；二是项目安全员吕某兼任施工员删除爬架下降作业前检查验收表中监理单位签字栏；三是备案项目经理长期不在岗，安全员充当现场实际负责人，冒充项目经理签字，相关方未采取有效措施予以制止；四是项目部安全管理人员与劳务人员作业时间不一致，作业过程缺乏有效监督。

（2）违章指挥。一是爬架实际施工单位安全部负责人肖某彪通过微信形式，指挥爬架施工人员拆除爬架部分防坠防倾覆装置（实际已全部拆除），致使爬架失去防坠控制；二是项目部工程部经理杨某东、安全员吕某程违章指挥爬架分包单位与劳务分包单位人员在爬架和落地架上同时作业；三是在落地架未经验收合格的情况下，杨某东违章指挥劳务分包单位人员上架从事外墙抹灰作业；四是在爬架下降过程中，杨某东违章指挥劳务分包单位人员在爬架架体上从事墙洞修补作业。

（3）工程项目存在挂靠、违法分包和架子工持假证等问题。一是爬架实际施工单位挂靠资质承揽爬架工程项目；二是违法将劳务作业发包给不具备资质的李某彬个人承揽；三是爬架作业人员持有的架子工资格证书存在伪造情况。

（4）工程监理不到位。一是监理公司发现爬架在下降作业存在隐患的情况下，未采取有效措施予以制止；二是监理公司未按住房和城乡建设部有关危险性较大分部分项工程检查的相关要求检查爬架项目；三是监理公司明知分包单位项目经理长期不在岗和相关人员冒充项目经理签字的情况下，未跟踪督促落实到位。

（5）监管责任落实不力。市住房和城乡建设局建筑施工安全管理方面存在工作基础不牢固、隐患排查整治不彻底、安全风险化解不到位、危险性较大分部分项工程管控不力，监管责任履行不深入、不细致，没有从严从实从细抓好建设工程安全监管各项工作。

鉴于上述原因分析，调查组认定，该起事故因违章指挥、违章作业、管理混乱引起，交叉作业导致事故后果扩大。事故等级为"较大事故"，事故性质为"生产安全责任事故"。

三、责任认定及处理建议

1. 司法机关已采取措施人员（8人）

（1）刘某伟，爬架实际施工单位项目部安全员，因涉嫌重大责任事故罪，已于2019年4月30日被扬州经济技术开发区人民检察院批准逮捕。

（2）肖某彪，爬架实际施工单位安全部负责人、爬架工程项目实际负责人，因涉嫌重大事故责任罪，已于2019年4月30日被扬州经济技术开发区人民检察院批准逮捕。

（3）李某平，爬架工程项目合同签约人，爬架工程项目的实际施工单位负责人。因涉嫌重大责任事故罪，已于2019年4月30日被扬州经济技术开发区人民检察院批准逮捕。

（4）胡某友，项目总工、生产经理，因涉嫌重大责任事故罪，已于2019年4月30日被扬州经济技术开发区人民检察院批准逮捕。

（5）吕某程，项目安全员，因涉嫌重大责任事故罪，已于2019年4月30日被扬州经济技术开发区人民检察院批准逮捕。

（6）赵某云，分包项目负责人，因涉嫌重大责任事故罪，已于2019年4月30日被扬州经济技术开发区人民检察院批准逮捕。

（7）李某彬，劳务承揽人，因涉嫌重大责任事故罪，已于2019年3月31日被公安机关取保候审。

（8）张某平，爬架实际施工单位法定代表人兼总经理，因涉嫌重大责任事故罪，已于2019年3月31日被公安机关取保候审。

2. 建议追究刑事责任人员（6人）

（1）廖某红，爬架实际施工单位架子工班组长，带领班组人员违章作业导致事故发生，对事故发生负有直接责任。涉嫌重大责任事故罪，建议司法机关追究其刑事责任。

（2）杨某东，项目工程部经理，明知落地架未经监理单位检查验收合格，安排其他员工在落地架从事外墙抹灰和补螺杆洞作业，对事故后果扩大负有直接责任。涉嫌重大责任事故罪，建议司法机关追究其刑事责任。

（3）谢某创，项目安全部经理，出差时安排已有工作任务的吕某代管落地架的使用安全，使得安全管理责任得不到落实；作为安全部经理，对爬架的安全检查管理缺失，对事故负有直接责任。涉嫌重大责任事故罪，建议司法机关追究其刑事责任。

（4）张某德，监理公司该项目总监理工程师，负责项目监理全面工作，对项目安全管理混乱的情况监督检查不到位，明知分包单位项目经理长期不在岗和相关人员冒充项目经理签字的情况下，未跟踪督促落实到位；发现爬架有下降作业未采取有效措施予以制止；未按照危险性较大分部分项工程检查的要求检查爬架项目。

3月21日，发现爬架正在下行且存在安全隐患的情况下，未立即制止或下达停工令，对事故负有直接监理责任。涉嫌重大责任事故罪，建议司法机关追究其刑事责任。

（5）管某铭，市安监站总工办主任兼副总工程师，牵头负责监督一科专项检查及安全大检查工作。在进行安全检查及组织专家对爬架进行检查时，未按相关规定和规范开展检查和核对安全设施，未及时发现重大安全隐患，对事故负有直接监管责任。涉嫌玩忽职守罪，建议司法机关追究其刑事责任。

（6）徐某伟，市安监站监督一科副科长（聘用人员），负责监督一科日常检查工作。在进行安全检查及组织专家对爬架进行检查时，未按相关规定或规范开展检查和核对安全设施，未及时发现重大安全隐患。

3月21日上午，接到监理员的报告后，未及时赶到现场制止，也未及时向领导汇报，对事故负有直接监管责任。涉嫌玩忽职守罪，建议司法机关追究其刑事责任。

以上1.2人员属于中共党员或行政监察对象的，待司法机关作出处理后，及时给予相应的党纪政务处理。

3. 建议给予行政处罚人员（10 人）

（1）欧某飞，爬架项目经理，二级建造师资格证书。作为爬架分包项目的项目经理，安全生产第一责任人，长期不在岗履行项目经理职责，对事故发生负有责任。建议由市住房和城乡建设局依法查处，并报请上级部门吊销其二级建造师注册证书，5 年内不予注册。

（2）赵某来，项目经理，一级建造师资格证书。未落实项目安全生产第一责任人职责，对爬架分包单位项目经理长期不在岗，未采取有效措施；安排专职安全人员承担生产任务。

在安全部经理谢某离岗时，未增加现场安全管理人员（吕某兼其职责），对事故发生负有责任。建议由市住房和城乡建设局依法查处，并报请上级部门吊销其一级建造师注册证书，5 年内不予注册。

（3）胡某磊，爬架工程项目工程部负责人，负责爬架班组任务安排；对拆除防坠落导座建议未予制止，对事故发生负有责任。建议由所在公司予以开除处理。

（4）林某球，该项目负责人，对施工现场安全管理监督不到位，对事故发生负有责任。建议由市住房和城乡建设局依法查处。

（5）鞠某鑫，分包项目安全员，对施工现场安全管理监督不到位，未及时制止交叉作业，导致事故扩大，对事故发生负有责任。建议由市住房和城乡建设局依法查处，并报请有关部门吊销其安全生产考核合格证书。

（6）朱某洲，监理公司该项目专业监理工程师，注册监理工程师。未按规定参与爬架作业前检查和验收；未按照危险性较大分部分项工程检查要求检查爬架项目，对事故发生负有监理责任。建议由市住房和城乡建设局依法查处，并报请上级部门吊销其监理工程师注册证书，5 年内不予注册。

（7）李某杰，监理公司该项目监理员兼资料员，3 月 13 日，在施工单位提交的"爬架进行下降操作告知书"后,未进行跟踪;21日上午,发现爬架有下降作业,未采取有效措施制止作业,对事故发生负有监理责任。建议由市住房和城乡建设局依法查处。

（8）祝某阳,监理公司该项目监理员,发现爬架有下降作业,未采取有效措施制止,对事故发生负有监理责任。建议由市住房和城乡建设局依法查处。

（9）王某勇,建设单位总经理助理、该项目经理,未认真履行施工现场建设单位统一协调,管理职责,现场安全管理混乱;明知爬架分包单位项目经理长期不到岗,未有效督促总包、分包单位及时整改;未认真汲取2018年"7·1"高处坠落死亡事故教训,对事故发生负有管理责任。建议由所在公司给予撤职处理。

（10）王某斌,建设单位设备部经理、该项目安全员,明知爬架分包单位项目经理长期不到岗,未有效督促总包、分包单位及时整改;未督促监理单位认真履行监理职责,对事故发生负有管理责任。建议由建设单位给予撤职处理。

4. 事故责任单位行政处罚建议（4家）

（1）爬架实际施工单位,违反了《中华人民共和国安全生产法》第二十二条第六款;第四十一条、第四十五条以及《建筑工程施工发包与承包违法行为认定查处管理办法》第八条第三项的有关规定,对事故发生负有责任。

根据《中华人民共和国安全生产法》第一百零九条第二款的规定,建议由市应急管理局依法给予行政处罚。同时,建议由市住房和城乡建设局函告有关部门给予其暂扣安全生产许可证和责令停业整顿的行政处罚。

（2）施工单位违反了《中华人民共和国安全生产法》第十九条,第二十二条第五款、第六款、第七款,第四十六条第二款以及《建设工程安全生产管理条例》第二十八条的有关规定,对事故发生负责有责任。

根据《中华人民共和国安全生产法》第一百零九条第二款的规定，建议由市应急管理局依法给予行政处罚。同时，建议由市住房和城乡建设局依法查处。

（3）爬架实际施工单位，未取得资质证书，以其他公司名义承揽工程和将工程劳务违法分包给李某彬个人的行为，违反了《建设工程质量管理条例》第二十五条的规定，建议由市住房和城乡建设局依法查处，并报请或函告有关部门给予其暂扣安全生产许可证和责令停业整顿的行政处罚。

（4）监理公司未按规定对爬架工程进行专项巡视检查和参与组织验收，以及明知项目经理欧某飞长期不在岗履职、爬架下降未经验收擅自作业等安全事故隐患，未要求其暂停施工的行为，违反了《建设工程安全生产管理条例》第十四条和《危险性较大的分部分项工程安全管理规定》第十八条、第十九条、第二十一条的规定。

建议由市住房和城乡建设局依法查处，并报请上级部门给予其责令停业整顿的行政处罚。

四、事故防范和整改措施

切实落实企业安全生产主体责任。各相关单位要严格按照"一必须五到位"和"五落实五到位"的要求，强化企业安全管理。建设单位要组织施工单位、专业分包单位、劳务分包单位以及监理单位立即开展安全排查，全面了解施工管理现状，建立健全安全管理制度；总承包单位、爬架施工单位要对在建工程进行全面排查，坚决杜绝非法转包、违法分包和资质挂靠等行为，确保施工安全；监理单位要督促监理人员认真履职，强化施工过程监管，及时发现并制止建设单位及施工单位在工程建设过程的非法违法行为，健全完善资料台账。

切实落实安全监管责任。市住房和城乡建设局要按照"管行业必须管安全、管业务必须管安全、管生产经营必须管安全"要求，切实加强对施工企业和施工现场的安全监管，根据工程规模、施工进度，合理安排监管力量，强化安全风险化解，加大危险性较大分部分项工程管控力度，认真履行监管责任，从严从实抓好建设工程安全监管各项工作。指导和督促施工单位强化隐患排查整治，严厉打击项目经理不到岗履职和出借资质、违法挂靠、转包等行为，坚决遏制较大事故发生。

切实落实安全生产属地责任。区管委会要深刻汲取此次事故教训，举一反三，将近年来辖区发生的安全生产事故进行全面梳理，分析事故原因，落实监管责任。要配齐配强安全监管人员，认真履行安全监管职责，注重加强对负有安全监管职责部门履职情况的监督检查，确保监督管理职责履职到位。

附　　录

附录一：附着升降脚手架安装拆卸工
培训考核大纲

随着我国现代化建设的飞速发展，一大批附着升降脚手架、高处作业吊篮和施工升降平台等高空作业装备应运而生，逐步取代传统脚手架和吊绳坐板（俗称"蜘蛛人"）等落后的载人登高作业方式。高空作业装备的不断出现，不仅有效地提高了登高作业的工作效率、改善了操作环境条件、降低了工人劳动强度、提高了施工作业安全性，而且极大地发挥了节能减排的社会效益。

高空作业装备虽然相对于传统落后的登高作业方式大大提高了作业安全性，但是仍然属于危险性较大的高处作业范畴，同时具备机械设备操作的危险性。虽然高空作业装备按照技术标准与设计规范均设有全方位、多层次的安全保护装置，但是这些安全保护装置与安全防护措施必须在正确安装、操作、维护、修理和科学管理的前提下才能有效发挥其安全防护作用。因此，高空作业装备对于从业人员的理论水平、实际操作技能等综合素质提出了更高的要求。面对全国量大面广的高空作业从业人员，亟待进行系统的、专业的安全技术培训。

为了健康、有序、持久地开展附着升降脚手架作业人员的职业安全技术培训，有效提升附着升降脚手架从业人员的理论技术水平和安全质量素质，确保附着升降脚手架作业人员的施工安全，特制定本培训考核大纲。

一、培训考核对象

1. 凡直接从事附着升降脚手架安装、拆卸、维护作业和管理的从业人员，均应按照本大纲规定的内容及要求参加培训考核。

2. 参加培训考核的人员应满足以下基本条件：

（1）年满 18 周岁，且不超过国家法定退休年龄；

（2）经社区或者县级以上医疗机构体检健康合格，并无妨碍从事相应高危作业的器质性心脏病、癫痫病、美尼尔氏症、眩晕症、癔症、震颤麻痹症、精神病、痴呆症以及其他疾病和生理缺陷；

（3）具有初中及以上文化程度；

（4）具备必要的安全技术知识与技能；

（5）符合高危作业规定的其他条件。

二、培训目标

通过培训使附着升降脚手架从业人员懂得本职业的性质与特点、应该具备的职业道德及基本安全知识，了解附着升降脚手架的基本构造及原理，学习领会附着升降脚手架的安装、拆卸和维护的安全技术要求、施工作业程序与要领、安全操作规程、危险防范和应急操作知识，熟练掌握附着升降脚手架实际操作方法和安全技术要领，全面提升安全技术技能和职业素质。

三、培训考核内容

1. **职业道德与安全技术理论**

（1）职业道德规范

1）知道职业道德规范的基本内容；

2）熟知职业道德守则的具体内容。

（2）安全生产基本知识

1）熟知有关高危作业人员的管理制度；

2）熟知高处作业安全知识；

3）了解安全防护用品的作用及使用方法；

4）熟知安全标志基本知识；

5）了解施工现场消防知识；

6）了解现场急救知识；

7）熟知施工现场安全用电基本知识。

2. **专业技术理论**

1）能看懂和理解附着升降脚手架专项施工方案的主要内容与要求；

2）熟知附着升降脚手架的类型及结构型式；

3）熟知附着升降脚手架升降装置的构造、工作原理和安全技术要求及零部件修复与报废标准；

4）熟知附着升降脚手架各安全装置工作原理和安全技术要求及修复与报废标准；

5）熟知附着升降脚手架各结构件的安全技术要求及修复与报废标准；

6）掌握钢丝绳和链条的性能、安全技术要求和报废标准；

7）了解附着升降脚手架电气控制系统和主要元器件的功能和基本原理；

8）了解附着升降脚手架各类作业危险源的辨识方法；

9）了解附着升降脚手架搭设、拆卸及维修作业前准备工作的内容与要求；

10）熟知附着升降脚手架搭设、调试的作业内容及安全技术要求；

11）熟知附着升降脚手架搭设、提升及下降作业后的检验与验收内容和方法；

12）熟知附着升降脚手架日常检修和定期维修的内容及方法；

13）熟知附着升降脚手架维修后的检验检测内容与技术要求；

14）熟知附着升降脚手架常见故障产生的原因和排除方法；

15）掌握附着升降脚手架的搭设、拆卸、升降和维修作业安全操作规程；

16）了解附着升降脚手架的各类典型事故原因及处置方法；

17）熟知附着升降脚手架紧急情况的应急操作方法与要领。

3. 安全操作技能

1）熟练正确使用安全帽、安全带和安拆维修工具；

2）能够正确进行搭设、拆除施工前的现场准备工作；

3）掌握附着升降式脚手架的搭设、拆除和维修程序和方法；

4）掌握附着升降式脚手架架体的防护和加固方法；

5）掌握附着升降脚手架各部件、安全装置和整机的安装及调试技能；

6）能够全面进行附着升降脚手架搭设和提升后的质量安全检查；

7）掌握附着升降式脚手架提升、下降的操作内容和方法；

8）掌握附着升降式脚手架提升、下降过程中的监控方法；

9）能够正确处置附着升降脚手架在各种工况的常见问题；

10）能够正确排除附着升降脚手架各种工况的常见故障；

11）在施工现场出现紧急情况时，能够正确进行应急处置。

四、培训方式及课时

采取面授与现场培训相结合的方式进行培训，不少于8小时。

具体培训时间安排见附表1-1：

附着升降脚手架安拆工培训、技能提升课时安排表 附表1-1

序号	培训内容	培训时间
1	职业道德与施工安全基础教育	1.0h
2	附着升降脚手架基础知识	0.5h
3	附着升降脚手架安全技术要求	0.5h
4	附着升降脚手架的安装与拆卸	1.0h
5	附着升降脚手架的安全操作	1.0h
6	附着升降脚手架维护与保养	1.0h

序号	培训内容	培训时间
7	危险辨识、故障排除与应急处置	1.0h
8	附着升降脚手架实际操作现场指导训练	2.0h
9	合计	8.0h

五、考核方式及评分办法

1. 考核程序

培训完毕组织考核。

考核包括：理论考试和实际操作考核两种形式。理论考试合格者，方可参加实际操作考核。考试或考核不合格者，允许补考一次。

2. 理论考试

理论考试试卷统一命题：在理论考试试题库中随机抽取，自动生成电子版试卷，考生统一上计算机进行无纸化考试。考试时间 60min。考试完毕，由计算机当场判分，并出具考试结果。

理论试卷命题比例：判断题 30 道，分值 60 分；单项选择题 15 道，分值 30 分；多项选择题 5 道，分值 10 分。满分 100 分，60 分及以上为合格。

考试要求：独立解答，不得代考。每个考场设考评员 2 名及以上，其中设组长 1 名。

3. 实操考核

理论考试合格的考生参加实操考核。

试题类型与比例：现场实际操作题，分值 60 分；模拟操作场景考核题，分值 40 分。满分 100 分，70 分及以上合格。

考核方式：现场实际操作项目，2 名考生分为 1 组相互配合进行操作，由考评员分别对每名考生的实操表现进行现场考评打分。模拟操作场景考核，由考评员一对一以抽题口试方式进行。

六、考核结果

理论考试和实际操作考核成绩全部及格者为考核合格，颁发《附着升降脚手架安装拆卸工安全技术职业培训合格证书》。

附录二：附着升降脚手架安装拆卸工考核试题库

第一部分　理论考试试题

一、判断题（正确的画√，错误的画×。每题2分）

1. 附着升降脚手架安装拆卸工应培训考核持证上岗。（√）

2. 附着升降脚手架与高处作业吊篮的施工作业领域完全不同。（×）

3. 附着升降脚手架与高处作业吊篮的施工作业领域基本相同。（√）

4. 附着升降脚手架具有稳定性强、安全性高、低碳环保等优点。（√）

5. 目前应用最为广泛的是钢管扣件式附着升降脚手架。（×）

6. 目前应用最为广泛的是全钢型附着升降脚手架。（√）

7. 额定载荷是附着升降脚手架设计者允许的最大工作载荷。（√）

8. 导轨既是支承架体的结构件，又是架体垂直升降的导向轨道。（√）

9. 附墙支座上均应设有防坠、防倾、导向、卸载的结构装置。（√）

10. 在使用工况时，应采用停层卸载装置将架体卸载于附墙支座上。（√）

11. 螺栓连接件、升降设备、防倾装置、防坠装置、电控设备、同步控制装置等，应每年进行维护保养。（×）

12. 螺栓连接件、升降设备、防倾装置、防坠装置、电控设备、同步控制装置等，应每月进行维护保养。（√）

13. 钢框式防护网板与架体外立柱直接可靠连接时，外立面

可不设剪刀撑。（√）

14. 防坠装置与升降设备应分别独立固定在建筑结构上。（√）

15. 防坠装置应设置在竖向主框架处，并固定牢固，每一个机位处至少都要有一个防坠装置。（√）

16. 转轮式防坠装置应包括承力转轮和触发阻止器。（√）

17. 摆块式防坠装置包括触发摆块和防坠摆块。（√）

18. 导轨上如采用圆形防坠挡杆，则防坠接触均为线接触，受力面小，冲击较大。（√）

19. 防坠接触如果为面接触，则受力面大，冲击较小。（√）

20. 导轨上梯格式防坠挡杆中心间距通常为 100mm。（√）

21. 导轨上梯格式防坠挡杆中心间距通常为 150mm。（×）

22. 每一机位处均可设置 2～3 个转轮式或摆块式防坠装置。（√）

23. 每一机位处均可设置 2～3 个顶撑式防坠器防坠装置。（×）

24. 防坠落装置必须采用机械式的全自动装置，严禁使用每次升降都需重组的手动装置。（√）

25. 顶撑式防坠器在架体下降时，提升装置和卸荷顶撑之间必须采用串联钢丝绳拉紧，将卸荷顶撑扳离导轨。（√）

26. 电控系统的安装必须由持证安装拆卸工进行。（×）

27. 电控系统的安装应由专业持证电工进行。（√）

28. 顶撑式防坠装置在架体提升和下降转换时，防坠装置需要人工干预。（√）

29. 架体拆除单元吊运至地面指定位置后，零部件拆卸应分类码放打包。（√）

30. 架体拆除单元被拆卸的零部件，应随机码放。（×）

31. 被拆卸的螺栓、销轴等小件应分类装袋或装箱存放。（√）

32. 安拆作业必须明确安全技术负责人，进行统一指挥。（√）

33. 安拆作业应在现场指定临时负责人，进行统一指挥。（×）

34. 在安拆施工前，必须进行书面安全技术交底。（√）

35. 在安拆施工前，必须进行口头安全技术交底。（×）

36. 作业人员应熟悉专项施工方案，遵守安全操作规程。（√）

37. 施工作业时必须佩戴必备的安全防护用品。（√）

38. 作业人员严禁酒后或过度疲劳状态上岗。（√）

39. 作业人员饮酒后，必须头脑清醒方可上岗。（×）

40. 在安装附着升降脚手架前，应编制专项施工方案。（√）

41. 在安装附着升降脚手架前，可不编制专项施工方案。（×）

42. 在附着升降脚手架作业区域，应设置警戒线及明显的警示标志或派专人监护。（√）

43. 附着升降脚手架在非人员密集区域作业可不设置警戒线。（×）

44. 如采用顶撑式防坠，则下降时每一机位处只设置有 1 个防坠落装置。（√）

45. 如采用顶撑式防坠，防坠制动依赖联动钢丝绳松动触发，如果触发受阻或者不灵活，则影响防坠动作。（√）

46. 防坠落装置是附着升降脚手架中最根本、最核心、最关键的安全装置，是附着升降脚手架本质安全的重要组成部分。（√）

47. 防倾覆装置每侧应有 2 个防倾导向轮。（√）

48. 如采用顶撑式防坠，则下降时每一机位处能设置 2 个防坠落装置。（×）

49. 防倾覆装置如果每侧只有 1 个防倾导向轮，则槽钢型导轨的上、下节槽钢对接处翼缘容易变形，甚至有豁口脱轨的风险。（√）

50. 防偏转卡口或者双螺栓连接方式可以防止导向轮偏转。（√）

51. 架体安装后，应由安装单位按规定的检验项目进行自检。（√）

52. 架体安装完毕后，应直接请检验机构进行检验。（×）

53. 架体升降时允许承载作业人员，不得堆放任何物料。（×）

54. 架体升降时不得承载作业人员，不得堆放物料。（√）

55. 不得以投掷传递工具或器材，禁止在高空抛掷任何物件。（√）

56. 只允许在空中投递常用工具，禁止在高空抛掷其他物件。（×）

57. 在作业中发生故障或危及安全时，应立即停止作业。（√）

58. 作业人员下班后，应对作业现场采取必要的防护措施。（√）

59. 作业人员在下班后，应立即离开施工现场。（×）

60. 安装完毕后，应及时拆除安装作业使用的临时设施。（√）

61. 安装完毕后，应保留为安装作业而设置的临时设施。（×）

62. 防倾导向轮与导轨之间的间隙应小于5mm。（√）

63. 升降工况下，最上和最下两个防倾覆装置之间的最小间距不应小于一个标准层层高，且不得小于2.8m或架体高度的1/4。（√）

64. 使用工况下，最上和最下两个防倾覆装置之间的最小间距不应小于两个标准层层高，且不得小于5.6m或架体高度的1/2。（√）

65. 停层卸荷顶撑不能直接作为防坠落装置使用。（√）

66. 可以采用钢管扣件或钢丝绳作为停层卸荷装置使用。（×）

67. 每个机位的停层卸荷装置不得少于2道。（√）

68. 每个机位的停层卸荷装置不得少于1道。（×）

69. 卸荷顶撑轴线于水平面的夹角不应小于70°。（√）

70. 多机位同时升降采用限制水平高差自控系统。（×）

71. 多机位同时升降采用限制荷载自控系统。（√）

72. 支承基础架可直接利用施工单位的脚手架。（×）

73. 当架体升降时，严禁进入架体下方警戒区域内。（√）

74. 当架体升降时，应及时清除平台下部区域的障碍物。（×）

75. 在架体升降前，应先进行检查，消除安全隐患。（√）

76. 应对施工单位的脚手架进行加固和找平处理作为支承基础架。（√）

77. 架体底部脚手板可直接放在施工单位的双排脚手架上开始安装。（×）

78. 严禁夜间进行安装拆卸作业。（√）

79. 只有在抢工期时，方可夜间进行安装拆卸作业。（×）

80. 拆除过程中，应确保待拆架体与建筑结构可靠连接。（√）

81. 架体上的操作人员必须系安全带、戴安全帽、穿防滑鞋。（√）

82. 不得穿拖鞋、塑料底等易滑鞋操作。（√）

83. 不得在架体上嬉戏打闹。（√）

84. 不得在架体上嬉戏打闹，可以玩手机。（×）

85. 应采用扣件、安装托架等方式将架体底部脚手板与支承基础架可靠连接，防止架体倾覆。（√）

86. 导轨后端的内立柱对接处应采用内插芯或外夹板加强。（√）

87. 架体升降时可以承载物料，但应均匀分布。（×）

88. 架体升降时可以承载物料。（×）

89. 导轨端部采用连接板（杆）对接，连接螺栓不少于两根，不小于M14。（×）

90. 架体上严禁放置易燃、易爆物品。（√）

91. 必须采用安全措施，方可放置易燃、易爆物品。（×）

92. 架体升降运行中发现异常，应立即停机检查。（√）

93. 导轨端部采用连接板（杆）对接，其连接高强度螺栓不少于两根，强度等级不小于8.8级，不小于M14。（√）

94. 上、下节导轨的槽钢或钢管错位阶差应小于2mm。（√）

95. 严禁将附着升降脚手架作为起重设备使用。（√）

96. 必要时，方可将附着升降脚手架作为起重设备使用。（×）

97. 架体升降过程中，应停止外墙施工作业。（√）

98. 水平支承桁架平行于墙面，转角处可断开设置。（×）

99. 转角处水平支承桁架须贯通连接，并与转角立柱连接。（√）

100. 当设备顶部风速大于20m/s（相对于六级风力）时，架体不得运行。（√）

101. 升降后应关闭电源，锁好电控箱方可离开。（√）

102. 架体步距与立柱纵距均不应大于2m，内、外立柱成对

对称布置。（√）

103. 架体的水平悬挑长度不得大于 2m，且不得大于跨度的 1/2。（√）

104. 架体悬臂高度不得大于架体高度的 2/5 且不得大于 6m。（√）

105. 架体构架至少设置包括最底层在内的 2 层全封闭脚手板。（√）

106. 提升时，上、下吊钩距离不应小于 1m；下降时，双链的尾链长度应大于 200mm。（√）

107. 架体安装后首次提升前，监理单位、施工单位、租赁单位、安拆单位应共同检查验收。（√）

108. 急停按钮按下后必须进行手动复位，方可继续操作。（√）

109. 架体安装过程中，出现与专项施工方案不符需要变更方案时，现场根据情况直接调整。（×）

110. 架体安装过程中，出现与专项施工方案不符需要变更方案时，应按照程序重新进行审核与报批。（√）

111. 可以采用不同厂家、相同型号的电动葫芦。（×）

112. 电动葫芦、电控系统等应分别采用同一厂家、相同型号和相同生产批次的产品。（√）

113. 卸料平台使用时，可以靠在架体上。（×）

114. 卸料平台使用时，与架体完全脱离，荷载传力到建筑结构上。（√）

115. 实行升降架工程分包的，专项施工方案由专业分包单位组织编制、审核签字并加盖单位公章。（×）

116. 实行升降架工程分包的，专项施工方案由专业分包单位组织编制，由总包单位技术负责人及分包单位技术负责人共同审核签字并加盖单位公章。（√）

117. 人行通道严禁搭设在有高压输电线路的一侧。（√）

118. 模块组合式安装是附着升降脚手架最为普遍的安装方式。（×）

119. 散拼式安装是附着升降脚手架最为普遍的安装方式。（√）

120. 临时拉结不一定设置在导轨上。（×）

121. 临时拉结应设置在导轨上，建筑结构每边应设置 3 ～ 5 处。（√）

122. 附墙支座未安装之前，应设置临时连墙件防止架体倾覆，并避免架体超高。（√）

123. 附着升降脚手架最为广泛采用的是液压形式作为提升动力。（×）

124. 一般只需要对架体底部脚手板进行 1 层水平全封闭硬防护。（×）

125. 需要对架体底部和第 4 层脚手板进行 2 层水平全封闭硬防护。（√）

126. 架体分组要避开塔式起重机附着杆、施工电梯、卸料平台等位置。（√）

127. 升降架施工中，塔式起重机附着杆各杆件与建筑结构连接的方向应交叉布置。（×）

128. 升降架施工中，塔式起重机附着杆各杆件与建筑结构连接的方向应上下保持一致，避免交叉变化。（√）

129. 施工电梯宜单笼进入架体，以减少对升降架整体结构的影响。（√）

130. 施工电梯宜双笼进入架体。（×）

131. 由升降架分包单位现场负责人发出升降作业指令。（×）

132. 由施工单位向升降架分包单位发出书面的升降作业指令。（√）

133. 架体升降完毕，每机位只需 1 根停层卸载顶撑顶紧导轨上的防坠挡杆。（×）

134. 架体升降完毕，每机位所有停层卸载顶撑顶紧导轨上的防坠挡杆。（√）

135. 升降过程中当有异常情况出现时，现场负责人发出停止指令才可停机。（×）

136. 升降过程中当有异常情况出现时，任何人均可立即发出停止指令。（√）

137. 遇六级及以上大风和大雨、大雪、浓雾和雷雨等恶劣天气时，不得进行升降、拆除作业。（×）

138. 遇五级及以上大风和大雨、大雪、浓雾和雷雨等恶劣天气时，不得进行升降、拆除作业。（√）

139. 升降时应采用同步控制系统：当相邻两机位荷载变化值超过初始状态的 ±15% 时，声光报警；超过 ±30% 时，自动停机。（√）

140. 当升降架停用超过 6 个月时，在停用前应对其采取加固固定措施。（×）

141. 当升降架停用超过 3 个月时，在停用前应对其采取加固固定措施。（√）

142. 升降设备、控制系统、防坠装置、同步控制装置等，应具有防雨、防砸防尘、防混凝土污染的防护设施。（√）

143. 架体高空拆除关键点：拆除附墙支座前用塔式起重机承受拆除单元的所有重量。（√）

144. 附墙支座和升降设备处的混凝土强度不应小于 C15。（×）

145. 附墙支座处的混凝土强度不应小于 C15，升降设备处的混凝土强度不应小于 C20。（√）

146. 升降架的同步控制系统与电动葫芦和上、下吊点组成完整的动力升降体系。（√）

147. 附墙支座、附墙吊挂件与建筑结构之间可以垫木方调节与架体的距离。（×）

148. 附墙支座、附墙吊挂件与建筑结构之间必须牢固贴紧，下端不得悬空。（√）

二、单项选择题（选择一个正确答案，将对应字母填入括号。每题 2 分）

1. 作用于附着式升降脚手架荷载的有（A）。

A. 永久荷载和可变荷载　　B. 集中荷载和可变荷载

C. 分布荷载和集中荷载　　D. 永久荷载和集中荷载

2. 下列选项哪项不属于永久荷载标准值（D）。

    A. 整个架体结构

    B. 围护设施

    C. 作业层设施以及固定于架体结构上的升降机构和其他设备、装置的自重

    D. 大雪后的架体积雪

3. 下列哪项不属于可变荷载中的施工活荷载（D）。

    A. 施工人员　　　　　　　B. 材料

    C. 施工机具　　　　　　　D. 围护设施

4. 水平支承桁架，主要承受架体（A）荷载，并将竖向荷载传递至竖向主框架的水平支承结构。

    A. 竖向　　　　　　　　　B. 横向

    C. 水平　　　　　　　　　D. 纵向

5. 关于附着式升降脚手架结构构造的叙述错误的是（C）。

    A. 架体高度不得大于 5 倍楼层高

    B. 架体宽度不得大于 1.2m

    C. 架体的水平悬挑长度不得大于 3m

    D. 架体全高与支撑跨度的乘积不得大于 $110m^2$

6. 附着式升降脚手架的竖向主框架底部应设置（A）。

    A. 水平支承桁架　　　　　B. 扫地杆

    C. 附墙支座　　　　　　　D. 剪刀撑

7. 附墙支座支撑在建筑物上连接处混凝土的强度应按设计要求确定，且不得小于（B）。

    A. C10　　　　　　　　　B. C15

    C. C20　　　　　　　　　D. C25

8. 架体悬臂高度不得大于架体高度的（C），且不得大于（C）m。

    A. 3/4　6　　　　　　　　B. 3/5　5

    C. 2/5　6　　　　　　　　D. 1/2　5

9. 卸料平台不得与附着式升降脚手架各部位和各结构构件相

连，其荷载应（A）给建筑工程结构。

    A. 直接传递   B. 避免传递

    C. 部分传递   D. 可以传递

10. 按照检验规程，对附着支撑结构、防倾、防坠装置等关键部件的加工件应进行（D）。

    A. 10% 抽检   B. 20% 抽检

    C. 30% 抽检   D. 100% 检验

11. 整式附着升降脚手架是有（C）个以上提升装置的连跨升降的外脚手架。

    A. 4   B. 6

    C. 3   D. 2

12. 单跨式附着式升降脚手架指仅有（D）个提升装置独自升降的外脚手架。

    A. 4   B. 3

    C. 3   D. 2

13. 竖向主框架，（D）于建筑物外立面，并与附着支撑结构连接。

    A. 高于   B. 低于

    C. 水平   D. 垂直

14. 附着式升降脚手架架体全高与支承跨度的乘积不得大于（B）。

    A. 100m^2 B. 110m^2

    C. 120m^2 D. 105m^2

15. 附着式升降脚手架架体高度不得大于（C）倍楼层高。

    A. 3   B. 6

    C. 5   D. 2

16. 附着式升降脚手架在安装时相邻竖向主框架的高差不应大于（B）。

    A. 30mm   B. 20mm

    C. 25mm   D. 15mm

17. 附着式升降脚手架直线布置的架体支承跨度不应大于（C）m，折线或曲线布置的架体，相邻两主框架支承点处架体外侧距离不得大于（C）m。

A. 5　4.5　　　　　　　　　B. 6　5.4

C. 7　5.4　　　　　　　　　D. 5.4　7

18. 对附着式升降脚手架限制荷载自控系统叙述错误的是（A）。

A. 当某一机位的荷载超过设计值 20% 时，应采用声光形式自动报警和显示报警机位，当超过 30% 时，应能使该升降设备自动停机

B. 应具有超载失载报警和停机的功能；宜增设显示记忆和储存功能

C. 应具有本身故障报警功能，并应能适应施工现场环境

D. 性能应可靠稳定，控制精度应在 5% 以内

19. 附着式升降脚手架水平支承桁架结构构造规定下列叙述错误的是（A）。

A. 桁架各杆件的轴线应相交于节点上，并宜用节点板构造连接节点板的厚度不得小于 8mm

B. 桁架上下弦应采用整根通长杆件或设置刚性接头。腹杆上下弦连接应采用焊接或螺栓连接

C. 桁架与主框架连接处的斜腹杆宜设计成拉杆

D. 架体构架的立杆底端应放置在上弦节点各轴线的交汇处

20. 可变荷载中的活荷载应根据施工情况按使用、（B）及坠落三种工况确定控制荷载标准值。

A. 架体结构自重　　　　　　B. 升降

C. 构配件自重　　　　　　　D. 材料堆放

21. 附着式升降脚手架防倾装置的导向间隙应小于（C）。

A. 2mm　　　　　　　　　　B. 4mm

C. 5mm　　　　　　　　　　D. 6mm

22. 螺栓连接件、升降动力设备、防倾装置、防坠落装置、电控设备等至少（C）维护保养一次。

A. 7 天   B. 15 天

C. 30 天   D. 60 天

23. 下列不属于附着升降脚手架必须具有的安全装置的是（C）。

A. 防倾覆装置   B. 防坠落装置

C. 力矩限制装置   D. 同步升降控制装置

24. 钢吊杆式防坠落装置，钢吊杆规格应由计算确定，且不应小于（D）。

A. $\phi 16$ B. $\phi 18$

C. $\phi 20$ D. $\phi 25$

25. 防坠装置必须灵敏可靠，其制动距离对于整体式附着升降脚手架不得大于 80mm，对于单片式附着升降脚手架不得大于（B）。

A. 120mm   B. 150mm

C. 130mm   D. 100mm

26. 附着升降脚手架升降时，当某一机位的同步控制装置荷载超过设计值的（C）时．应采用声光形式自动报警和显示报警机位；当超过（C）时，应能使该升降设备自动停机。

A. 10% 30%   B. 15% 50%

C. 15% 30%   D. 10% 20%

27. 附着升降脚手架的防坠落装置必须采用（A）。

A. 机械式的全自动装置   B. 机械式的半自动装置

C. 手动装置   D. 可选择的半自动装置

28. 附着式升降脚手架必须具有的安全装置下列哪项不是（C）。

A. 防倾覆安全装置   B. 防坠落装置

C. 防变形装置   D. 同步升降控制装置

29. 水平支承桁架及竖向主框架在相邻附着支撑结构处的高差不大于（D）。

A. 5mm   B. 10mm

C. 15mm   D. 20mm

30. 附着升降脚手架的升降设备、控制系统、防坠落装置应采取的防护措施下列哪个不正确（C）。

A. 防雨　　　　　　　　　　B. 防尘

C. 防坠落　　　　　　　　　D. 防砸

31. 预留穿墙螺栓孔和预埋件应垂直于结构外表面，其中心误差应小于（B）。

A. 16mm　　　　　　　　　B. 15mm

C. 14mm　　　　　　　　　D. 10mm

32. 附着式升降脚手架竖向主框架和防倾导向装置的垂直偏差应不大于（A），且不得大于（A）mm。

A. 5%　60　　　　　　　　B. 5%　50

C. 3%　60　　　　　　　　D. 3%　50

33. 附着式升降脚手架架体的水平悬挑长度不得大于（D），且不得大于跨度的1/2。

A. 3m　　　　　　　　　　B. 6m

C. 5m　　　　　　　　　　D. 2m

34. 附墙支座应采用（A）与建筑物连接。

A. 锚固螺栓　　　　　　　B. 焊接

C. 止水螺栓　　　　　　　D. 连墙杆件

35. 遇（B）以上大风和大雨、大雪、浓雾和雷雨等恶劣天气时，不得进行升降作业。

A. 4级　　　　　　　　　　B. 5级

C. 6级　　　　　　　　　　D. 7级

36. 升降过程中应实行统一指挥规范指令，升、降指令只能由（A）下达，但当有异常情况出现时，（A）可立即发出停指令。

A. 总指挥一人；任何人　　B. 安全员；安全员

C. 总指挥一人；安全员　　D. 安全员；任何人

37. 附着式升降脚手架的升降操作时，各相邻提升点间的高差不得大于（C）mm，整体架最大升降差不得大于（C）mm。

A. 50　60　　　　　　　　B. 40　70

C. 30　80　　　　　　　　D. 20　50

38. 附着式升降脚手架的升降操作应符合（A）。

    A. 应按升降作业程序和操作规程进行作业

    B. 操作人员停留在架体上

    C. 升降过程中有施工荷载

    D. 所有妨碍升降的障碍物未拆除

39. 附着升降脚手架是可随工程结构逐层（D），具有防倾斜、防坠落装置的外脚手架。

    A. 搭设爬升   B. 搭设下降

    C. 拆除搭设   D. 爬升下降

40. 附着升降脚手架在使用过程中，下列行为错误的是（D）。

    A. 不得任意拆除结构件或松动连结件

    B. 不得拆除或移动架体上的安全防护设施

    C. 不得利用架体支撑模板或卸料平台

    D. 可以在架体上拉结吊装缆绳（或缆索）

41. 附着升降脚手架的拆除工作应按专项施工方案及（A）的有关要求进行。

    A. 安全操作规程   B. 施工单位

    C. 建设单位   D. 监理单位

42. 拆除作业应在白天进行，拆除前并应对拆除作业人员进行（C）。

    A. 批评教育   B. 奖励

    C. 安全技术交底   D. 处罚

43. 在附着升降脚手架使用、提升和下降阶段均应对（D）装置进行检查，合格后方可作业。

    A. 防尘防砸   B. 防砸防坠

    C. 防倾防尘   D. 防坠防倾

44. 附着升降脚手架的防坠落功能，下列行为错误的是（D）。

    A. 无论下降与否，均要可靠防坠

    B. 防坠落装置必须采用机械式的全自动装置

    C. 提升、下降、使用工况都必须防坠

D. 只提升就不需要防坠，下降时才需要防坠

45. 附着升降脚手架升降到位后，下列行为错误的是（C）。

A. 恢复附墙支座上的停层卸载顶撑，顶紧导轨防坠挡杆

B. 安装架体顶端的临时拉结

C. 到下班时间就可以先下班，待下一班再继续作业

D. 恢复水平翻板和立面防护网板的封闭

三、**多项选择题**（将正确答案对应字母填入括号，多选或少选不得分。每题 2 分）

1. 附着式升降脚手架的说法正确的是（A、B、C、D）。

A. 搭设和拆除作业前，需编制专项施工方案

B. 需要有专业资质的公司进行搭设

C. 操作人员必须持证上岗

D. 搭设拆除前必须对作业人员进行安全技术交底

E. 应在白天作业，六级风以上大风、大雨、大雪、浓雾和雷雨天气时，不得进行提升和拆除作业

2. 附着升降脚手架的安全防护装置包括：（A、C、D）和同步控制装置等。

A. 防坠落装置   B. 自动调平装置

C. 防倾覆装置   D. 停层卸荷装置

3. 附着升降脚手架应在（A、C、D）阶段进行检查与验收。

A. 首次安装完毕

B. 恶劣气候过后

C. 提升或下降前

D. 提升下降到位，投入使用前

4. 附着式升降脚手架的说法正确的是（A、B、D）。

A. 是一种高层建筑施工用的外脚手架

B. 为高处作业人员提供施工操作平台

C. 能够沿建筑结构标准层逐层爬升，不能下降

D. 为建筑施工提供外围安全防护

5. 附着式升降脚手架按防坠落方式分类有（A、B、C、D）。

A. 摆块式   B. 转轮式

C. 顶撑式   D. 夹持式

6. 安装作业前的准备工作包括（A、B、C）。

A. 编制专项施工方案   B. 进行安全技术交底

C. 查验现场施工条件   D. 进行安装质量自检

7. 安装拆卸人员作业时，应（A、B、D）。

A. 戴安全帽   B. 系安全带

C. 穿防滑塑料底鞋   D. 穿紧身收口工作服

8. 标准规定：急停按钮应是（B、D）的。

A. 绿色   B. 红色

C. 自动复位型   D. 非自动复位型

9. 日常维护保养的"十字作业法"包括：（B、C、D）和清洁、防腐。

A. 修理   B. 润滑

C. 调整   D. 紧固

10. 专职电工应该配备（A、B、D）等常用电工仪表。

A. 钳形电流表   B. 万用表

C. 经纬仪   D. 兆欧表

11. 附墙支座主要由（A、B、C、D）组成。

A. 导向轮   B. 防倾覆装置

C. 防坠落装置   D. 停层卸荷装置

12. 电源总开关跳闸的原因可能是（A、D）。

A. 存在短路   B. 急停未复位

C. 接触器不吸合   D. 相线接地

13. 附着式升降脚手架的防坠落装置说法正确的是（A、C、D、E）。

A. 每一机位处可设置 2～3 个摆块式或转轮式防坠落装置

B. 每一机位处可设置 2～3 个顶撑式防坠落装置

C. 架体提升和下降转换时，顶撑式防坠需要人工干预

D. 每次下降前要靠串联钢丝绳将卸荷顶撑扳离导轨

E. 转轮式防坠的承力转轮与圆形防坠挡杆接触为线接触

14. 防坠落装置是附着升降脚手架中（A、B、D）的安全装置，是附着升降脚手架本质安全的重要组成部分。

A. 最根本   B. 最核心

C. 最普通   D. 最关键

15. 防倾覆装置中采用（A、B、C、D）措施可增强防倾覆性能。

A. 每侧 2 个导向轮   B. 设置防倾勾板

C. 防倾轮用双螺栓连接   D. 设置防偏转卡口

16. 附着升降脚手架在使用过程中不得进行下列作业：（A、B、C、D、E、F、G）。

A. 利用架体吊运物料

B. 在架体上拉结吊装缆绳（或缆索）

C. 在架体上推车

D. 任意拆除结构件或松动连接件

E. 拆除或移动架体上的安全防护设施

F. 利用架体支撑模板或卸料平台

G. 其他影响架体安全的作业

17. 预埋管可采用（A、B、C）等多种管件。

A. PVC 管   B. 薄壁钢管

C. 沉头螺孔   D. 波纹软管

18. 附着式升降脚手架拆除作业的基本原则是（A、B、C、D）。

A. 从上到下原则

B. 宁整勿散原则

C. 塔式起重机吊运优先原则

D. 边拆边吊原则

19. 通过架体的（A、B、C、D）与建筑结构的楼板面或者外墙面的严密封闭，形成水平和垂直方向上的全封闭硬防护。

A. 防护网板   B. 脚手板

C. 翻板连接件   D. 翻板

20. 卸料平台下方应避开（A、B、C、D）等设施和区域。

    A. 施工电梯   B. 塔式起重机附着杆

    C. 安全注意事项   D. 临街道路

第二部分　模拟实际操作场景考核题

一、简述与"一代架、半钢架"相比较全钢附着升降脚手架所具有的优势。

答：

1. 全部采用全钢定型设计，在工厂标准化预制；

2. 结构定型、互换性高，易于运输，节能环保；

3. 现场模块化拼装，智能化升降；

4. 机位布置灵活、安装简捷；

5. 整体安全性能高；

6. 作业人员工作强度小。

二、简述附着升降脚手架主要由哪些部件组成。

答：

1. 竖向主框架；

2. 水平支承桁架；

3. 架体构架；

4. 附着支承结构；

5. 升降机构及升降设备；

6. 安全装置；

7. 电气控制系统。

三、附着升降脚手架主要有哪些安全防护装置。

答：

1. 防坠落装置；

2. 防倾覆装置；

3. 停层卸荷装置；

4. 同步控制系统。

四、简述防坠落装置共性的安全技术要求。

答：

1. 防坠落装置应设置在竖向主框架处并附着在建筑结构上；

2. 每一升降点不得少于 2 个防坠落装置；

3. 防坠落装置在提升、下降或使用工况下都必须起作用；

4. 防坠落装置与升降设备必须分别独立附着在建筑结构上；

5. 防坠落装置必须采用机械式的全自动装置，严禁使用每次升降都需重组的手动装置；

6. 防坠落装置技术性能除应满足承载能力要求外，整体式升降脚手架制动距离≤80mm，单片式升降脚手架制动距离≤150mm；

7. 防坠落装置应具有防尘、防污染的措施，并应灵敏可靠和运转自如。

五、简述附墙支座安全技术要求。

答：

1. 单个附墙支座应能承受所在机位的全部荷载；

2. 所覆盖的每个楼层处均应设置一个附墙支座，每个附墙支座均应设置有防倾覆导向及防坠落装置，各装置应独立发挥作用；升降工况有效附墙支座不应少于 2 个，使用工况有效附墙支座不应少于 3 个；

3. 防坠装置不得与提升装置设置在同一个附墙支座上；

4. 附墙支座的预埋穿墙螺栓孔应垂直于建筑结构外表面；

5. 附着的建筑结构厚度不应小于 200mm，混凝土强度不应小于 C15；

6. 附墙支座的穿墙螺栓采用双螺母或单螺母加弹垫。

六、简述防倾覆装置的安全技术要求。

答：

1. 防倾覆装置与导轨相对滑动，环抱导轨以防止架体倾覆。

2. 防倾覆装置每侧应有 2 个防倾导向轮和防倾勾板，以增强防倾覆性能。

3. 应固定可靠、转动灵活，导向轮与导轨之间的间隙应小于

5mm。

4. 升降工况下，最上和最下两个防倾覆装置之间的最小间距不应小于一个标准层层高，且不得小于2.8m或架体高度的1/4。

5. 使用工况下，最上和最下两个防倾覆装置之间的最小间距不应小于两个标准层层高，且不得小于5.6m或架体高度的1/2。

七、简述停层卸荷装置的安全技术要求。

答：

1. 定型化装置，设置在附墙支座上具有高低调节功能。

2. 停层卸荷装置不能作为防坠落装置使用。

3. 每个机位停层卸荷装置不得少于2道，且满足承载力要求。

4. 严禁采用钢管脚手架扣件或钢丝绳作为停层卸荷装置使用。

5. 卸荷顶撑作为停层卸荷装置，其轴线于水平面的夹角不小于70°；可能产生较大的水平分力时，应通过设计计算并采取相应的技术措施。

八、简述限制荷载控制系统的主要功能。

答：

1. 荷载自动监测和超载、失载报警和自动停机功能，以及储存、记忆显示功能；

2. 升降中相邻两机位的荷载变化值超过初始值±15%声光自动报警和显示报警机位；超过±30%全部机位自动停机；

3. 具有自身故障报警功能，并适应施工现场环境；

4. 性能可靠、稳定，控制精度应在5%以内。

九、简述竖向主框架安装的安全技术要求。

答：

1. 安装位置应符合专项施工方案中机位布置图要求；

2. 竖向主框架高度与架体高度相等，并在与墙面垂直的结构位置安装附墙支座；

3. 相邻竖向主框架的高差不应大于20mm，竖向主框架垂直偏差不大于5‰；

4. 竖向主框架的导轨上、下节对接时，导轨后端的内立柱对接处应采用内插芯或外夹板加强，连接板（杆）贴合平直，采用不少于两根高强螺栓连接；

5. 导轨高度不得低于架体顶层脚手板的高度；

6. 在每个已建楼层边沿设置临时拉结点，将架体导轨、内立柱与建筑结构拉结加固。

十、简述水平支承桁架安装的安全技术要求。

答：

1. 在架体底部第1步或第2步安装，平行于墙面且连续设置；

2. 各杆件的轴线应相交于节点上，上、下弦应采用整根通长杆件或设置刚性接头；

3. 桁架片与片之间采用螺栓对接或者搭接，上、下弦杆连接处采用夹板加固；

4. 转角处水平支承桁架须贯通连接，并与转角立柱连接；

5. 遇到塔式起重机附着、施工电梯、卸料平台需断开水平支承桁架时，应在断口处的上一层增加水平桁架。

十一、简述架体构架安装的安全技术要求。

答：

1. 架体高度不得大于5倍楼层高；

2. 架体步距与立柱纵距不应大于2m，内、外立柱成对对称布置；

3. 直线架体支承跨度不得大于7m，折线或曲线架体外侧不得大于5.4m；

4. 架体的水平悬挑长度不得大于2m，且不得大于跨度的1/2；

5. 架体全高与支承跨度的乘积不得大于110m^2，且不大于检测报告所载最大值；

6. 架体悬臂高度不得大于架体高度的2/5且不得大于6m；架体顶部防护高度不应小于1.2m；

7. 在架体断开或开洞处等部位采取可靠的加固措施；

8. 至少设置包括最底层在内的2层全封闭脚手板；

9. 外立面采用框式防护网板全封闭。

十二、简述升降机构安装的安全技术要求。

答:

1. 安装位置的建筑结构应安全可靠,与建筑结构和架体的连接可靠。

2. 每个竖向主框架处设置升降设备。

3. 升降设备应具有制动和定位功能。

4. 电动葫芦的起重链条、吊钩的构造、质量及精度应符合标准规定。吊钩表面应光洁,不应有折叠、过烧及降低强度的局部缺陷,不得有表面和内部裂纹,吊钩缺陷不允许焊补,且应有闭锁装置。

5. 上、下吊点应在同一铅垂线上,与刚性吊环或传感器连接。

6. 升降设备应有防雨、防砸、防尘等措施。

十三、简述架体安装后首次提升前的管理流程。

答:

1. 确保建筑物上没有伸入架体内的障碍物。

2. 确保架体上没有建筑材料堆积,处于空载状态;架体上没有机具等浮物,建渣已清理干净。

3. 施工单位已经设置好安全警戒区域,并配备有专人警戒。

4. 对照专项施工方案进行复核检查,按"首次安装完毕及使用前检查验收表"的规定进行检查合格。

5. 监理单位、施工单位、租赁单位、安拆单位共同检查验收。

十四、简述附着升降脚手架在使用中不得进行哪些作业。

答:

1. 利用架体吊运物料;

2. 在架体上拉结吊装缆绳(或缆索);

3. 在架体上推车;

4. 任意拆除结构件或松动连接件;

5. 拆除或移动架体上的安全防护设施;

6. 利用架体支撑模板或卸料平台;

7. 其他影响架体安全的作业。

十五、简述附着升降脚手架安全技术交底的主要内容。

答：

1. 施工现场需要遵守的规章制度、施工安全、文明施工和劳动纪律；

2. 安全防护用品的配备及使用要求；

3. 本次安装工程项目的特点与注意事项；

4. 本次安装工程的周边环境及危险源，及针对危险部位采取的具体防范措施；

5. 本次安装拆卸施工工艺流程和具体施工方案的内容；

6. 本次安装拆卸施工作业的技术要点；

7. 安装拆卸作业的安全操作规程和规范；

8. 安全防护措施的正确使用与操作；

9. 附着升降脚手架的安全使用规定和安全注意事项；

10. 发现事故隐患应采取的应对措施；

11. 施工作业发生紧急情况时的应急处理措施与救援预案；

12. 发生事故后应及时采取的紧急避险、自救方法、紧急疏散和急救措施；

13. 其他安全技术事项。

十六、简述附着升降脚手架进场查验的主要内容。

答：

1. 相关资料查验；

2. 安全装置查验；

3. 物资配套查验；

4. 其他项目查验。

十七、简述双排脚手架支承基础的处理要点。

答：

1. 双排脚手架底部能稳固支撑附着升降脚手架荷载；

2. 找平面应高出标准层楼面 1.2 ~ 1.5m，找平面水平度应控制在 ±15mm 以内；

3. 支承基础架的内侧钢管离外墙面 300mm，外侧钢管离外墙面不少于 1500mm；基础支承架宽度 1200mm；

4. 外侧搭设高度不低于 1200mm 的单排防护架。

十八、简述附着升降脚手架散拼式安装的具体流程。

答：

1. 预埋临时连墙件；

2. 安装预埋管；

3. 安装底部托架；

4. 安装底层脚手；

5. 安装内、外立柱；

6. 安装水平桁架；

7. 安装各圈层脚手板与防护网板；

8. 安装导轨；

9. 安装附墙支座；

10. 安装翻板组件；

11. 安装电动葫芦；

12. 安装配电线路及同步控制系统；

13. 安装附属设施。

十九、例举附着升降脚手架安装阶段的常见问题。

答：

1. 支承基础架不稳固；

2. 架体底部与支承基础架无可靠连接；

3. 未及时安装附墙支座；

4. 安装后的导轨、立柱等竖直杆件不垂直；

5. 架体防护高度不够致使土建施工裸露；

6. 预埋管偏位、堵管致使附墙支座装不上。

二十、附着升降脚手架封闭防护的要点有哪些。

答：

1. 水平全封闭；

2. 转角处水平封闭；

3. 架体外侧竖向封闭；

4. 架体端部封闭；

5. 异形结构处封闭。

二十一、简述塔式起重机附着杆处的越障过程。

答：

1. 先收短棘轮绞盘上的钢丝绳，打开吊桥脚手板；

2. 打开垂直方向上的窗扇式防护网板；

3. 升降架体，越过塔式起重机附着杆；

4. 放下钢丝绳，关闭吊桥脚手板，并用螺栓连接成整体；

5. 关闭垂直方向上的窗扇式防护网板。

二十二、简述施工电梯剖口处理要点。

答：

1. 编制专项施工方案时要预先考虑施工电梯进入架体的剖除
预案；

2. 施工电梯避开机位和升降动力机构，架体构件要方便拆除；

3. 施工电梯剖口高度应不超过 2 层结构高度；

4. 施工电梯宜单笼进入架体；

5. 在施工电梯剖口处，水平桁架上移安装；

6. 施工电梯剖口顶部需做底部全封闭，剖口两侧用防护网板
做端部垂直封闭，施工电梯部件距离架体应不小于 300mm。

二十三、简述卸料平台的安全使用要求。

答：

1. 每次安装后均应检查验收合格后方可使用；

2. 必须悬挂限载指示牌，使用时不得超载；

3. 转料使用必须是即装即吊，不允许长时堆放在料台上；

4. 堆放时不允许超出料台边缘，钢管料超出长度应小于 1.5m；

5. 卸料平台各侧面、间隙等必须做好防护封闭。

二十四、简述附着式升降脚手架的检查验收组织与程序。

答：

1. 安装单位自检，对自检不合格的项目整改；

2. 自检合格后，施工单位组织，会同建设单位、监理单位和

安装单位的相关人员检查验收，验收合格后才能进行升降和使用；

3. 检查验收合格后，报当地建设工程质量安全监督部门备案。

二十五、简述附着式升降脚手架拆除作业的基本原则。

答：

1. 从上到下原则；

2. 宁整勿散原则；

3. 塔式起重机吊运优先原则；

4. 边拆边吊原则。

二十六、简述附着式升降脚手架升降前的准备工作。

答：

1. 升降前的检查验收并填表记录；

2. 设置安全警戒区域，专人警戒守护；

3. 及时安装附墙支座；

4. 清除架体上的所有建渣、浮物；

5. 对导轨、电动葫芦链条及导轮上涂抹机油进行润滑。

二十七、倒挂免移动电动葫芦的主要技术特点有哪些？

答：

1. 倒挂电动葫芦机头吊钩悬挂在架体的下吊点上，上吊点依靠弹簧张紧装置张紧，以避免链条囤积卡链。

2. 架体升降无需人工逐层重复安装和拆卸。

3. 如果链条张紧度不够，则容易卡链。如果链条张紧过紧，容易拉坏张紧座，拉弯架体构件等。因此，使用过程中要特别注意链条的张紧情况。

4. 由于电动葫芦机头倒置，如果链条出入口封闭不严，现场建渣等杂物容易进入机头中导致故障。

二十八、正挂单链免移动电动葫芦的主要技术特点有哪些？

答：

1. 机头吊钩悬挂在架体的上端，下吊钩悬挂在架体的下吊点上，上、下两吊钩之间设计有悬挂中节；

2. 架体升降无需人工逐层重复安装和拆卸；

3. 链条采用自然悬垂的方式张紧，避免卡链；

4. 电动葫芦链条出入口朝下，可有效避免建渣等杂物进入机头造成故障；

5. 链条结构简单，容易清理，不易错扭卡链，便于安装；

6. 使用时需要倒链；

7. 除弹簧张紧力之外，对架体结构不产生内拉力。

二十九、简述同步控制系统的主要组成部分有哪些。

答：同步控制系统由智能主机、智能分机、测力传感器、电源线、传感器信号线、各分机之间的电源连接线、各分机之间的信号连接线、电脑（触摸屏）、遥控器、控制软件等组成。

三十、简述同步控制系统安装的总体要求。

答：

1. 安全规范，横平竖直，整齐美观；

2. 安装在架体底层或第二步脚手板位置，主机、分机及线缆的安装高度为 1.5m；

3. 施工单位提供的总电源靠近主机，分机靠近电动葫芦，编号对应清晰；

4. 所有线缆用波纹管、PVC 管或线槽穿套，并用扎带固定在架体上；

5. 主机与分机、传感器、电动葫芦等应有防雨、防砸等防护设施。

三十一、简述附着式升降脚手架上吊点的特别安全要求。

答：上吊点是架体与建筑结构的直接连接处，在升降过程中承载机位全部的架体重量，其是否安全可靠直接影响架体的安全性，应符合以下安全要求：

1. 上吊点吊挂件与建筑结构连接必须使用 $\phi 30mm$ 高强螺栓，端部用螺母紧固。

2. 在剪力墙或高度大于 450mm 梁上时必须使用吊挂件或加长吊挂件，且连接牢固。

3. 上吊点吊挂件与墙、梁必须牢固贴紧，下端不得悬空。

4. 阳台部位使用附板悬挑吊挂件时，悬挑后端附板长度不小于两倍阳台宽度，还应采取卸载措施，且加固牢靠。

5. 梁宽小于 200mm，且预埋孔距距梁底小于 300mm 时，严禁在梁上直接设置上吊点，还应采取其他辅助卸载措施。

6. 上吊点吊挂件必须使用定型设计的钢制吊挂件，严禁采用现场临时编制的钢丝绳绳套。

7. 上吊点混凝土强度必须达到要求，不得小于 C20。严禁使用人工掏挖的孔洞。

8. 架体下降时，上吊点预留孔必须逐个检查。预留孔周围混凝土结构如有裂纹、压碎等破坏痕迹时，严禁使用，必须重新开孔。

三十二、分析附着处建筑结构被拉裂的原因以及预防处置方法。

答：

1. 产生原因如下：

（1）混凝土强度未达到设计值。

（2）预埋孔离梁底距离过低，不符合设计要求值。

（3）预埋孔处梁的截面厚度不够，不符合设计要求值。

（4）梁内的配筋偏少，独立受力点不能承受架体的荷载。

（5）由于故障或影响架体提升的障碍物未被及时排除，导致个别机位受力过大，超过了梁的承载力，导致梁被破坏。

（6）由于同步控制系统故障，未能及时对超载机位停机，超过了梁的承载力，导致梁被破坏。

2. 预防处置方法如下：

（1）提升前施工单位确认结构梁的混凝土强度，强度达到设计值才可提升。

（2）预留孔位置距梁底应变不小于 200mm，孔两侧要有箍筋，必要时需经设计院复核验算，梁底增设受拉钢筋。

（3）及时排除附墙支座、导轨以及架体等相对运动构件上的障碍物。

（4）调校同步控制系统，确保灵敏可靠。

附录三：附着升降脚手架安装拆卸工 理论考试样卷（无纸化）

附着升降脚手架安装拆卸工理论试卷（样卷 A）

一、判断题（正确的画 √，错误的画 ×。每题 2 分，共 60 分）

1. 附着升降脚手架具有稳定性强，安全性高，低碳环保等优点。（√）

2. 目前应用最为广泛的是全钢型附着升降脚手架。（√）

3. 在使用工况时，应采用停层卸载装置将架体卸载于附墙支座上。（√）

4. 防坠装置与升降设备应分别独立固定在建筑结构上。（√）

5. 摆块式防坠装置包括触发摆块和防坠摆块。（√）

6. 每一机位处均可设置 2～3 个转轮式或摆块式防坠装置。（√）

7. 防坠落装置必须采用机械式的全自动装置，严禁使用每次升降都需重组的手动装置。（√）

8. 安拆作业必须明确安全技术负责人，进行统一指挥。（√）

9. 作业人员应熟悉专项施工方案，遵守安全操作规程。（√）

10. 作业人员饮酒后，必须头脑清醒方可上岗。（×）

11. 在安装附着升降脚手架前，可不编制专项施工方案。（×）

12. 附着升降脚手架在非人员密集区域作业可不设置警戒线。（×）

13. 如采用顶撑式防坠，则下降时每一机位处只设置有 1 个防坠落装置。（√）

14. 防坠落装置是附着升降脚手架中最根本、最核心、最关键的安全装置，是附着升降脚手架本质安全的重要组成部分。（√）

15. 不得以投掷传递工具或器材，禁止在高空抛掷任何物

件。(√)

16. 安装完毕后，应保留为安装作业而设置的临时设施。(×)

17. 停层卸荷顶撑不能直接作为防坠落装置使用。(√)

18. 每个机位的停层卸荷装置不得少于 1 道。(×)

19. 严禁夜间进行安装拆卸作业。(√)

20. 不得在架体上嬉戏打闹，可以玩手机。(×)

21. 架体升降时可以承载物料。(×)

22. 导轨端部采用连接板（杆）对接，连接螺栓不少于两根，不小于 M14。(×)

23. 架体升降过程中，应停止外墙施工作业。(√)

24. 水平支承桁架平行于墙面，转角处可断开设置。(×)

25. 转角处水平支承桁架须贯通连接，并与转角立柱连接。(√)

26. 当设备顶部风速大于 20m/s（相对于六级风力）时，架体不得运行。(√)

27. 提升时，上、下吊钩距离不应小于 1m；下降时，双链的尾链长度应大于 200mm。(√)

28. 架体安装后首次提升前，监理单位、施工单位、租赁单位、安拆单位应共同检查验收。(√)

29. 架体分组要避开塔式起重机附着杆、施工电梯、卸料平台等位置。(√)

二、**单项选择题**（选择一个正确答案，将对应字母填入括号。每题 2 分，共 30 分）

1. 作用于附着式升降脚手架荷载的有（A）。

    A. 永久荷载和可变荷载   B. 集中荷载和可变荷载

    C. 分布荷载和集中荷载   D. 永久荷载和集中荷载

2. 水平支承桁架，主要承受架体（A）荷载，并将竖向荷载传递至竖向主框架的水平支承结构。

    A. 竖向   B. 横向

    C. 水平   D. 纵向

3. 附墙支座支撑在建筑物上连接处混凝土的强度应按设计要求确定，且不得小于（B）。

  A. C10   B. C15

  C. C20   D. C25

4. 按照检验规程，对附着支撑结构、防倾、防坠装置等关键部件的加工件应进行（D）。

  A. 10% 抽检   B. 20% 抽检

  C. 30% 抽检   D. 100% 检验

5. 竖向主框架，（D）于建筑物外立面，并与附着支撑结构连接。

  A. 高于   B. 低于

  C. 水平   D. 垂直

6. 附着式升降脚手架架体全高与支承跨度的乘积不得大于（B）。

  A. $100m^2$ B. $110m^2$

  C. $120m^2$ D. $105m^2$

7. 附着式升降脚手架水平支承桁架结构构造规定下列叙述错误的是（A）。

  A. 桁架各杆件的轴线应相交于节点上，并宜用节点板构造连接节点板的厚度不得小于 8mm

  B. 桁架上下弦应采用整根通长杆件或设置刚性接头。腹杆上下弦连接应采用焊接或螺栓连接

  C. 桁架与主框架连接处的斜腹杆宜设计成拉杆

  D. 架体构架的立杆底端应放置在上弦节点各轴线的交汇处

8. 附着式升降脚手架防倾装置的导向间隙应小于（C）。

  A. 2mm   B. 4mm

  C. 5mm   D. 6mm

9. 螺栓连接件、升降动力设备、防倾装置、防坠落装置、电控设备等至少（C）维护保养一次。

  A. 7 天   B. 15 天

  C. 30 天   D. 60 天

10. 防坠装置必须灵敏可靠，其制动距离对于整体式附着升降脚手架不得大于80mm，对于单片式附着升降脚手架不得大于（B）。

A. 120mm　　　　　　　　　B. 150mm

C. 130mm　　　　　　　　　D. 100mm

11. 附着升降脚手架升降时，当某一机位的同步控制装置荷载超过设计值的（C）时，应采用声光形式自动报警和显示报警机位；当超过（C）时，应能使该升降设备自动停机。

A. 10%　30%　　　　　　　B. 15%　50%

C. 15%　30%　　　　　　　D. 10%　20%

12. 水平支承桁架及竖向主框架在相邻附着支撑结构处的高差不大于（D）。

A. 5mm　　　　　　　　　　B. 10mm

C. 15mm　　　　　　　　　　D. 20mm

13. 附着式升降脚手架架体的水平悬挑长度不得大于（D），且不得大于跨度的1/2。

A. 3m　　　　　　　　　　　B. 6m

C. 5m　　　　　　　　　　　D. 2m

14. 升降过程中应实行统一指挥规范指令，升、降指令只能由（A）下达，但当有异常情况出现时，（A）可立即发出停指令。

A. 总指挥一人；任何人　　B. 安全员；安全员

C. 总指挥一人；安全员　　D. 安全员；任何人

15. 附着升降脚手架的拆除工作应按专项施工方案及（A）的有关要求进行。

A. 安全操作规程　　　　　B. 施工单位

C. 建设单位　　　　　　　D. 监理单位

三、多项选择题（将正确答案对应字母填入括号，多选或少选均不得分。每题2分，共10分）

1. 附着式升降脚手架的说法正确的是（A、B、C、D）。

A. 搭设和拆除作业前，需编制专项施工方案

B. 需要有专业资质的公司进行搭设

C. 操作人员必须持证上岗

D. 搭设拆除前必须对作业人员进行安全技术交底

E. 应在白天作业，六级风以上大风、大雨、大雪、浓雾和雷雨天气时，不得进行提升和拆除作业

2. 有关附着式升降脚手架的说法正确的是（A、B、D）。

A. 是一种高层建筑施工用的外脚手架

B. 为高处作业人员提供施工操作平台

C. 能够沿建筑结构标准层逐层爬升，不能下降

D. 为建筑施工提供外围安全防护

3. 安装作业前的准备工作包括（A、B、C）。

A. 编制专项施工方案　　　　B. 进行安全技术交底

C. 查验现场施工条件　　　　D. 进行安装质量自检

4. 标准规定：急停按钮应是（B、D）的。

A. 绿色　　　　　　　　　　B. 红色

C. 自动复位型　　　　　　　D. 非自动复位型

5. 附墙支座主要由（A、B、C、D）组成。

A. 导向轮　　　　　　　　　B. 防倾覆装置

C. 防坠落装置　　　　　　　D. 停层卸荷装置

附录四：附着升降脚手架安装拆卸工 实际操作考核样题

实际操作考核试题（样题 A）

姓名：　　　　　　　　　　　　　　　准考证号：

序号	考核项目	扣分标准	标准分值（分）	扣除分值（分）
1	安全带、安全帽佩戴	每处错误扣 5 分	10	
2	散拼安装操作	每处错误扣 5 分	10	
3	整体提升操作	每处错误扣 5 分	10	
4	整体下降操作	每处错误扣 5 分	10	
5	智能控制系统调试	每处错误扣 5 分	10	
6	预埋件安装操作	每处错误扣 5 分	10	
7	模拟实操场景考核项目	（1）简述与"一代架、半钢架"相比较全钢附着升降脚手架所具有的优势	10	
		（2）简述附着升降脚手架散拼式安装的具体流程	10	
		（3）简述架体安装后首次提升前的管理流程	10	
		（4）简述卸料平台的安全使用要求	10	
	合　　　计		100	

考评员签字：　　　考评组长签字：　　　监考人员签字：

考核日期：　　　年　　月　　日

参 考 文 献

[1]《中华人民共和国宪法》

[2]《中华人民共和国刑法》

[3]《中华人民共和国劳动法》

[4]《中华人民共和国安全生产法》

[5]《中华人民共和国建筑法》

[6]《中华人民共和国消防法》

[7]《建设工程安全生产管理条例》(中华人民共和国国务院令第 393 号)

[8]《特种作业人员安全技术培训考核管理规定》(国家安全生产监督管理总局令第 80 号)

[9]《危险性较大的分部分项工程安全管理规定》(国家住房和城乡建设部令第 37 号)

[10]《建筑业从业人员职业道德规范(试行)》((97)建建综字第 33 号)

[11]《住建部办公厅关于实施〈危险性较大的分部分项工程安全管理规定〉有关问题的通知》(建办质〔2018〕31 号)

[12] 中华人民共和国国家标准. 头部防护 安全帽 GB 2811—2019 [S]. 北京:中国标准出版社,2019.

[13] 中华人民共和国国家标准. 安全标志及使用导则 GB 2894—2008 [S]. 北京:中国标准出版社,2009.

[14] 中华人民共和国国家标准. 高处作业分级 GB/T 3608—2008 [S]. 北京:中国标准出版社,2009.

[15] 中华人民共和国国家标准. 安全带 GB 6095—2009 [S]. 北京:中国标准出版社,2009.

[16] 中华人民共和国国家标准. 坠落防护 带柔性导轨的自锁器 GB/T 24537—2009 [S]. 北京:中国标准出版社,2010.

［17］中华人民共和国国家标准.坠落防护 安全绳 GB 24543—2009［S］.北京：中国标准出版社，2010.

［18］中华人民共和国行业标准.建筑施工工具式脚手架安全技术规范 JGJ 202—2010［S］.北京：中国建筑工业出版社，2010.

［19］中华人民共和国行业标准.建筑施工扣件式钢管脚手架安全技术规范 JGJ 130—2011［S］.北京：中国建筑工业出版社，2011.

［20］中华人民共和国行业标准.建筑施工安全检查标准 JGJ 59—2011［S］.北京：中国建筑工业出版社，2012.

［21］中华人民共和国国家标准.升降工作平台 导架爬升式工作平台 GB/T 27547—2011［S］.北京：中国标准出版社，2012.

［22］中华人民共和国行业标准.施工现场临时用电安全规范 JGJ 46—2005［S］.北京：中国建筑工业出版社，2005.

［23］中华人民共和国行业标准.建筑施工升降设备设施检验标准 JGJ 305—2013［S］.北京：中国建筑工业出版社，2014.

［24］中华人民共和国行业标准.建筑施工高处作业安全技术规范 JGJ 80—2016［S］.北京：中国建筑工业出版社，2016.

［25］中华人民共和国国家标准.建筑施工脚手架安全技术统一标准 GB 51210—2016［S］.北京：中国建筑工业出版社，2017.

［26］中华人民共和国行业标准.建筑施工易发事故防治安全标准 JGJ/T 429—2018［S］.北京：中国建筑工业出版社，2018.

［27］中华人民共和国行业标准.建筑施工用附着式升降作业安全防护平台 JG/T 546—2019［S］.北京：中国标准出版社，2019.

［28］中国建筑业协会建筑安全分会，北京康建建安建筑工程技术研究有限责任公司.高处施工机械设施安全实操手册［M］.北京：中国建筑工业出版社，2016.

［29］江苏省高空机械吊篮协会高处作业吊篮安装拆卸工［M］.北京：中国建筑工业出版社，2019.